虫と文明

螢のドレス・
王様のハチミツ酒・
カイガラムシのレコード

ギルバート・ワルドバウアー 著
屋代通子 訳

築地書館

Fireflies, Honey, and Silk
by Gilbert Waldbauer

Japanese translation rights arranged with University of California Press
through Japan UNI Agency, Inc., Tokyo.

Translated by Michiko Yashiro
Published in Japan by Tsukiji Shokan Publishing Co., Ltd.

もくじ

昆虫学の父、コーンウォール大学のジョン・ヘンリー・コムストックに
そして、その伴侶であるアナ・ボッツフォード・コムストック
——コーネル大学での自然教育に道をつけた先駆者に

本書を読み進めると、あちこちで科学者や作家の
著述の紹介や引用に出くわすことになる。
読者の方々が自分の目で読み、
判断する機会があるのが公平というものだろう。
巻末の参考文献は筆者が引用文献を列挙したもので、
章ごとに、刊行されている文献を参照できる。
人伝えの情報については引用部分で情報提供源を記してあるが、
参考文献一覧には挙げていない。

プロローグ

わたしが昆虫に夢中になったのは、コネティカット州ブリッジポートで小学校生活を送っていた冬のある晴れた日からで、その日わたしはリンゴの木に大きな茶色い繭を見つけた。つややかな繭に収まってぬくぬくと冬を越す虫がいるのは聞いていたが、自分が見つけた茶色い塊が繭であるとはっきり知っていたわけではなかったし、まして春になったらその中からどんな虫が現れるかも想像すらできなかった。それでもわたしは塊を家に持って帰り、金属の蓋に空気穴をあけてガラスの瓶に入れた。何週間かすると、目が覚めるほど美しくて、見たこともないような昆虫が出現した。大きな翅は広げると一二、三センチにもおよび、赤や白、黒の模様に紫色の小さな点が混じっていた。触角は太くて毛羽だっている（それが蛾のオスに見られる特徴であることは後で知った）。自分では蝶だと思ったが、学校の先生は、これはセクロピアガという蛾で、蝶は繭を作らないと教えてくれた（これも後に、繭を作る蝶が少数だが実在するのを知ることになる）。その瞬間から、わたしは自然の歴史、特に昆虫の歴史に魅せられるようになった。蒐集をはじめ、初版刊行は一九一八年だが今日でも充分実用に堪えるフランク・ルッツの『昆虫図鑑（Field Book of Insects）』という素晴らしい図鑑に照らして、バッタや甲虫、蝶などの名前を覚えていった。

一九四六年六月、ブリッジポート中央高校での卒業パーティの後、わたしたちのクラスの「遺言」が読み上げられた。要はひとりひとりが将来どんな人物になり、どんな「財産」を遺せるようになっているかを予想したものだ。

「ギルバート・ワルドバウアーは、イェール大学の昆虫学教授となり、喜んでもらってくれる誰かに飼いならしたタランチュラを遺す」

実現しっこないと思って聞きながら笑ったが、なんとわたしは実際に昆虫学教授になった（飼いならしたタランチュラは持っていないが)。何年も経ってから、わたしを生涯の仕事へと導いたセクロピアガにもう一度関心を向けることになった。同僚のジム・スターンバーグとわたしは、大学院生数名に手伝ってもらって、実験室とフィールドの両方で、この素晴らしくも興味深い昆虫の生理と行動を調査したのだ。

自分たちの周囲に数多くの昆虫がいることを、多くの人は意識していない。蚊や蠅、ゴキブリなど不快な虫には目がいく。だがほとんどの人が、もったいないことに――個人としてだけでなく、人類社会全体の環境意識にとってもったいないことに――虫はすべからくつまらないもの、ないし不快で病気を媒介するものだと無意識に決めつけてしまっている。一九四六年、人類初の「奇跡の」殺虫剤DDTが世に出たとき、生物生態に関する認識の低い人々(幸いなことにごく少数だったが)は、あらゆる昆虫や這うものがこれで根絶できると小躍りしていた。こういった人たちをはじめ多くの人には、昆虫が地球上のいまある生命の生存に欠かせない存在であること、そしてわたしたち人類の生存にとってはまさに必要不可欠な存在であることなど思いもよらないのだろう。地上や淡水の生態系で、昆虫は数多くの決定的な役割を担っている。なんといっても開花植物を受粉させるのは昆虫だし、多くの植物の種をそこかしこにばらまくこともする。鳥や魚その他の動物の食料となり、糞や動植物の死骸を土に還す助けになる。

ただこの本は、病気を媒介する昆虫や昆虫の生態系における役割を書いたものではない。昆虫の中のあるものたち――蝶やキリギリス、蛍、テントウムシなど――がわたしたちに味わわせてくれる喜び、そしてまた別のあるものたちが物質文明に直接もたらしてくれる恩恵を記したものである。こうした昆虫たちは、さまざまな社会で人々の生活の幅を広げてくれることはもちろん、存在それ自体も興味深い。中には――少なくとも名前だけは――よく知られている昆虫もいるが、物質文明に貢献してくれている昆虫の多くはほとんど知られていない。

絹という素晴らしく贅沢な生地が、蚕の繭から紡ぎ出された糸で織られていることは聞き知っていても、蚕というイモムシがどのように飼われていて、いつ、誰が、どうやってその価値を見出したかを承知している人は少ない。ハチミツをホットケーキに塗り、熱いラム酒入りトディ（訳注：ラム酒などに甘味を加え、湯で割って作る温かいカクテル）に入れはしても、ハチミツを作り出している蜂そのものについてよく知っている人はあまりいない。ミツバチにはダンスという言語があるという話を聞いたことはあっても、その言語に「文法」があり、驚くほど正確に情報を伝えることができるとか、生物学者がその言語を解析しているということを知っている人はどれほどいるだろうか。

このほか、われわれの物質文明に貢献してくれている昆虫たちは、称えられることのない英雄だ。一九世紀に合成染料が誕生するまで、もっとも広く使われ、品質の良かった赤い染料は、サボテンにつく小さなカイガラムシからとられていた。ワニスの主な原料は、アジア原産のラックカイガラムシで、ラックと蜜蝋を混ぜたものが封蝋だ。最高級の黒インクが、小さな蜂がオークの木にこしらえるできもののような虫こぶから作られるのをご存じだったろうか。中国人が紙の製造を学んだのは、もしかしたらスズメバチなどが紙を作り出すのを見ていたからかもしれない。聖書に出てくるマナという神様から賜った食べ物は、おそらくは樹液を吸うアブラムシから出る糖分の豊富な排泄物であろうと思われる。イラクやトルコのクルド人たちは、いまでもこれを使っておいしいキャンディをこしらえる。ひどく化膿した傷口をきれいにするのにウジムシが使われ、抗生物質の効かない細菌が増えている現在、ウジムシの利用が増加していることは世に知られているだろうか。

歴史を通じて昆虫は、風変わりな言い伝えの主人公にもなっている。紀元一世紀、大プリニウスともいわれるローマの博物学者ガイウス・プリニウス・セクンドゥスは、インド北部の山岳地帯には狼ほどの大きさの蟻がいて、金を掘っていると自信たっぷりに記している。英国では、シバンムシという小さな甲虫が家族の誰かが死ぬのを予告するといわれていた。この甲虫は枯れた木、つまりは建材に穴をうがって巣食うので、古い建物にはおそらくおびただしい数で潜んでいることだろう。メスの成虫は頭を巣穴の壁に打ちつけてオスに合図を送り、人間にも聞こえるカチカチという音をたてる。フランク・コーワンの言を借りれば、「シバンムシのカチカチ音は、聞こえる範囲に住む誰かの死を告げる予兆」なのである。昆虫にまつわる伝説は数多く、大プリニウスの記述やシバンムシの予言能力などよりもっと荒唐無稽なものも少なくない。けれどもこの本を読み進むにつれて、昆虫に関する事実やその恩恵は、そうした伝説よりはるかに面白くて素晴らしいとおわかりいただけることだろう。

第1章

人に好かれる昆虫たち

愛しのテントウムシ

虫の中には、昔から世界中の人々に愛されているものもいる。そういう虫をまずいくつか見てみて、ついでに人間がしぶしぶ容認するようになった、あるいは一目置くようになった虫のことにも触れてみよう。

テントウムシはたいていの人に好かれているし、好かれていないまでも大目に見られている。この愛らしい昆虫とその幼虫はアブラムシを貪り食うことでよく知られていて、益虫の中の益虫だ。けれども大方の人は、何もテントウムシが害虫駆除に一役買ってくれるから好んでいるというわけでもあるまい（例外は休眠状態のテントウムシに少なからぬ対価を投じ、枡《ます》単位で購入する園芸家だ。彼らは、アブラムシを食べつくしてくれることを願ってテントウムシを庭に放つのだが、思惑通りにことは運ばない。庭に放されて覚醒すると、テントウムシたちは広く遠く飛び去って、よその庭のアブラムシを退治する）。

虫が来るとすぐ手で払う人でも、テントウムシなら歓迎し、手や腕を自由に這わせてやる。なぜなのだろう。友人知人――男女を問わず――に尋ねてみると、テントウムシが気にならないのはかわいいからだという。確かに、丸っこくておよそ人畜無害に見える小さな生き物。普通は鮮やかな赤の地に、大きな黒い斑点を浮かべている。何年も前、いやおそらく現在でも、子どもたちはテントウムシを手に這わせながら童謡を口ずさむ。

「テントウムシさん、テントウムシさん、おうちにお帰り。おうちが火事よ。子どもたちが燃えちゃうよ！」

さまざまな言語で――多分わたしが知るよりはるかにたくさんの事例があるだろう――テントウムシには愛らしい名前がつけられていて、多くは宗教に由来している。英語の名前（ladybug）は「聖母マリアの鳥（Lady's bird）」の短縮版だ。F・トム・タービンによると、中世ヨーロッパの農民はアブラムシが作物を台無しにすることをよく知っていて、害虫を畑から一掃してくださいと聖処女マリアに祈りをささげた。するとテントウムシがやってきてアブラムシを食べ、作物を救ってくれた――というようなことが続き、「聖母マリアの虫」や「聖母マリアの鳥」といった名前が奉じられることになったわけだ。ドイツでも同じ趣旨の言葉があてられている。Marienkäfer、すなわちマリアの虫だ。オランダでは Lieveheersbeestje、大切な主の小さな生き物という名前だし、フランスでも同じように、bête à bon Dieu、神の作りしものと呼ぶ。ギリシャでは paschalista、イースターの小さいやつと呼ばれ、イスラエルの友人によると、ヘブライ語の名前は parat Moshe Rabbenu、ラビ・モーゼの作りしものというそうだ。

テントウムシとの愛の讃歌にも例外はある。ナミテントウムシが家に侵入してくると――これがまたしょっちゅうなのだが――、害虫がやってきたと断じる向きもある。この東洋からの客人は害虫駆除の目的でアメリカ合衆国の国土に放たれ、しっかりと根付いたのは一九八八年にピーカンの木につくアブラムシの駆除目的で導入されて以降のことだ。ナミテントウムシはそれ以後あっという間に広がり、特にカナダ南部と合衆国北東部で栄えている。ナミテントウムシがわたしたちアメリカ人やアメリカの住居にほれ込んでいるというわけではないのだが、故郷では岩の割れ目に潜り込んで冬越ししていた彼らは、そのかわりに建物の狭い隙間が冬ごもりにちょうど手頃な隠れ家になると発見したのだ。ほとんど

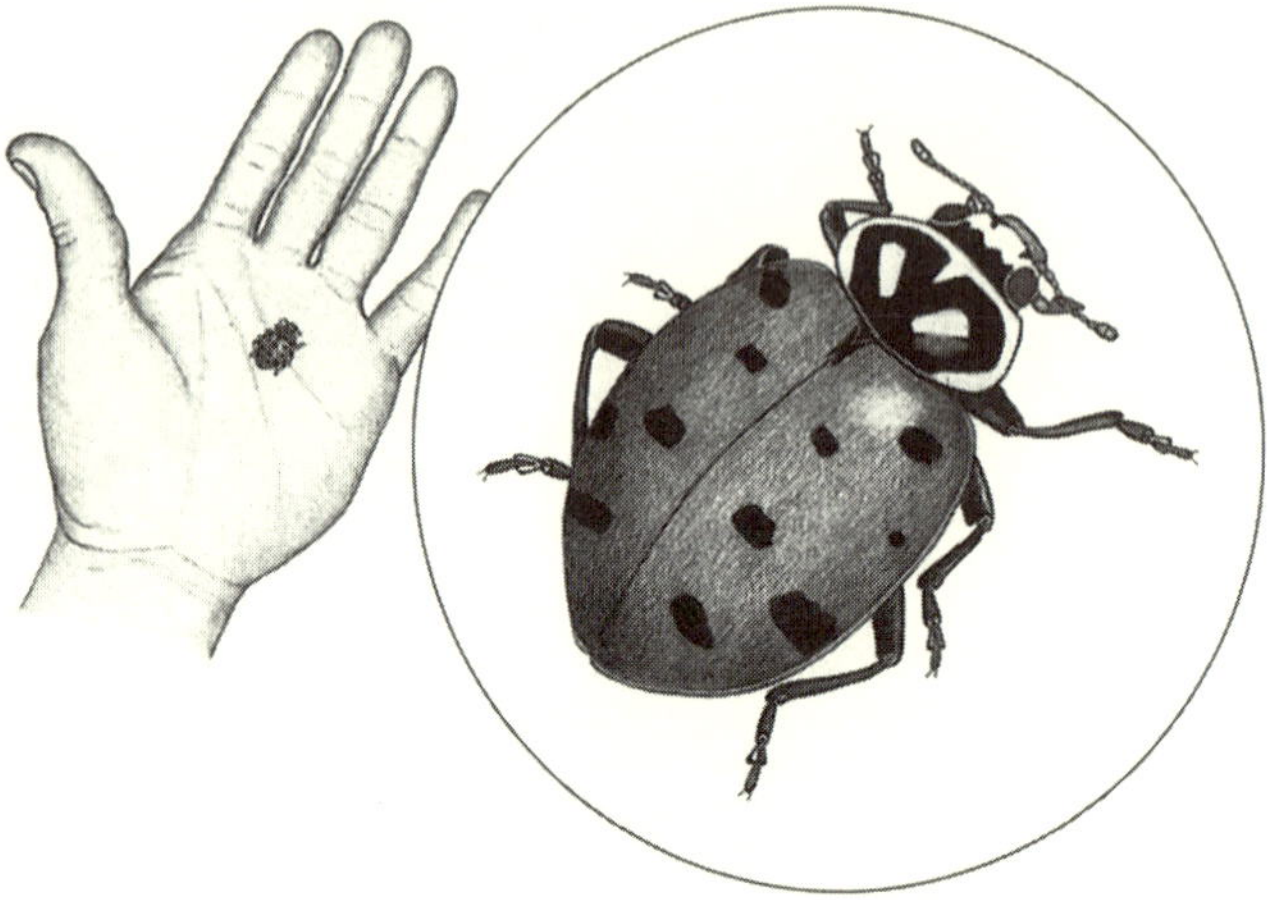

テントウムシを手に這わせながら子どもたちは歌う。
「テントウムシさん、テントウムシさん、おうちにお帰り」

は外壁と内壁の間で冬眠して人の目にはつかないが、中には人間の領域に迷い出てきて、神経質な住人につぶされるか、暖房が利いて乾燥した室内で干上がるという死の罠にからめとられてしまうものもいる。

アブラムシ駆除の目的で導入されたナミテントウムシは、生物的防除の恰好の例だ。生物的防除とは捕食昆虫や寄生生物、バクテリアといった生物を使い、有害昆虫や有害植物などを管理しようとすることをいう。アメリカ合衆国ではじめて大きな成功をおさめた生物的防除の例は、樹液を吸う小さなカイガラムシ——アブラムシの仲間——ワタフキカイガラムシを退治するために導入されたベダリアテントウというテントウムシだ。ワタフキカイガラムシは、自分の体や卵塊《らんかい》を白い蝋質の糸で覆うという特徴がある。一八八六年、カリフォルニア南部の柑橘農園にこのカイガラムシが野火《のび》のごとくに広がって、ちょうど発達しかけていた果汁産業を壊滅させかけた。当時はこの虫に効く殺虫剤はなく、柑橘類の工業化は暗礁に乗り上げたかに思われた。

ところが、おそらく当代随一といっていいすぐれた昆虫学者のチャールズ・ヴァレンタイン・ライレーに名案が閃いた。彼は、ワタフキカイガラムシがオーストラリアから偶然持ち込まれてしまったことを知っていた。オーストラリアではワタフキカイガラムシは数も少なく、害をなさない。それが、なぜカリフォルニアでは柑橘類に食害をもたらすのか。その大発生ぶりはすさまじく、オレンジの木がまるですっぽり雪に覆われたように見えるくらいだった。ライレーは、オーストラリアにはワタフキカイガラムシを食べる捕食者なり寄生動物なりがいて個体数が抑えられているが、その捕食者がカリフォルニアにはいないに違いないと結論づけた。だから、オーストラリアで何がワタフキカイガラムシの個体数を抑えているかを同定し、それをカリフォルニアに持ち込めば、駆除できると考えた。

生物的防除のプログラムを実現するまでの経緯は、昆虫学のみならず政治もからんだ長い紆余曲折の物語だ。ただ端折っていえば、アメリカ人昆虫学者が単身オーストラリアへ赴き、天敵らしい虫を見つけた。それがベダリアテントウで、カリフォルニアへ数百匹持ち帰ったところ、瞬く間に定着して、一八八九年までにはカリフォルニア州からワタフキカイガラムシを一掃していたというわけだ。一世紀以上が経過した今日まで、ワタフキカイガラムシなるカイガラムシはベダリアテントウによって完全に統制されていて、害にならない程度のわずかな個体が細々と共存しているにすぎない。

生物的防除は諸刃の剣だ。雑草や害虫（それ自体、外来種である場合も少なくない）を減らそうとして外来の天敵を導入し、目的の種以外の生物が攻撃されない保証はない。たとえば、一九〇六年から一九八六年の間、厄介な病気を運ぶマイマイガの繁殖を防ぐために、北米大陸に寄生バチがヨーロッパから何度も持ち込まれた。この蜂は幼虫の段階でマイマイガの幼虫の体内に寄生し、息の根を止めるが、そればかりか少なくとも二〇〇ほどのほかの種の幼虫にも寄生した。ジョージ・ベトナーらは、この蜂のために北米原産の美しいセクロピアガ——翅を広げると一二、三センチにもなる北米最大の蛾——や、体こそセクロピアガより小さいが美しさでは負けていないプロメテアガなどの個体数が著しく減少し、かつては冬の間そこかしこで見られた彼らの繭がほとんど見つからなくなってしまったと報告している。まったく残念なことだ。というのもこれまでは、小学校の教室でこの種の蛾が繭の中から現れる姿が、子どもにとってはじめて触れる自然の驚異となってきたからだ。

美しき蝶

愛される昆虫のうちでも、とりわけその美しさで愛でられるのは、間違いなく蝶の仲間だろう。はじめて蝶というものを意識したときのことを、シャーマン・アプト・ラッセルは『蝶に魅せられて（An Obsession with Butterflies）』に書いている。それは大きなトラフアゲハで、彼女の顔をかすめていったのだ。

「レモン色の翅にはありえないような黒い筋が入り、それが二つに分かれた長い尾にいくと、赤と青の斑点になる。……蝶はふんわりと去っていき、残されたわたしはうれしさと当惑とで胸が高鳴っていた。まるで、分不相応な贈り物をもらったときのように」

世界の各地、さまざまな文化的背景の中で、蝶は死者の魂の象徴と考えられている。魂そのものの生まれ変わりとみなされている場合もある。たとえばギリシャ語では、psycheは「蝶」と「魂、霊魂、あるいは精神」という両方の意味を持つ。ギリシャ神話のプシュケーは、古代ギリシャではしばしば蝶の姿で描かれ、再生と死後の命を象徴しているとチャールズ・ホーグは言う。美しい蝶は一見死んだように動かない蛹《さなぎ》から出てくるが、それはちょうど、霊魂が死体から離れていくのとそっくりだ。ホーグによれば、キリスト教下のヨーロッパでは、「蝶ないし蛾の翅は、天使や妖精、ニンフに飛翔の力を与える」とされた。中世の「人々は、蝶――buterfloeges――はバターやミルク、クリームをくすねようと妖精が姿を変えたものだと信じていた」とラッセルは教えてくれる。

ピーター・ケヴァンとロバート・バイによると、メキシコのタラフマラ族は蝶と蛾が魂の誕生と死を象徴していると信じており、驚くほど古代ギリシャの人々を彷彿《ほうふつ》させる。死が訪れると、魂は三つの段階を経て天国に昇るという。

「最後のもっとも高い段階に行くと、……魂は……（nakarówili ariwá、魂の蛾）となり、大地に戻り火に吸い寄せられると、焼きつくされて灰になる」

タラフマラ語で「魂や息を表す iwigá あるいは ariwá という単語は……蝶を表す iwíki と同じで、どちらもおそらく語根は同じ iwi である」。魂が蝶に変身するという考えは、中米の伝統に深く根ざしていて、メキシコ・シティ近郊のテオティワカン遺跡からは、トルテカの人々が、統治者や戦士の魂が蝶に変化したと信じていたことをうかがわせる遺物が出土している。ロナルド・チェリーは、アステカの羽根を生やした強大な蛇神ケツァルコアトルが、「まず蛹の姿でこの世に入り、苦しみながら、蝶に象徴される完全体となって降臨する」神話を紹介している。

生前高名な昆虫学者だった、いまは亡きミリアム・ロスチャイルドは、父親と同様、ノミの世界的権威だったが、同時に有名な蝶の専門家だったウォルター・ロスチャイルドの姪でもあった。ちなみにウォルター・ロスチャイルドといえば、英国政府がパレスチナへのユダヤ人国家建設を支持すると約束したバルフォア宣言で、「親愛なるロスチャイルド卿」と呼びかけられ、約束をもらった相手でもある。さて、ミリアム・ロスチャイルドは、自然、とりわけ蝶に対する愛情をこんな風に記している。

「わたしが庭いじりをするのは、ひとえに自分の愉《たの》しみのためです。わたしは植物や花々、緑の葉を慈しみ、そして救いがたいロマンチストなので、草をきらきらときらめかせる小さな滴の星にあこがれてやまないのです。蝶は庭に、また違った趣《おもむき》を与えてくれます。まるで夢――子どもの夢――の花のように、茎から自由に離れて、日の光の中へと逃げていくのです」

蝶の来る庭づくりは、近年ますます盛んになっている。蝶が来る庭を目指す人は色とりどりの園芸品種――得てして外来種で開花しても固有種の蝶をあまり引きつけない――をあきらめ、われらが固有の蝶たちに好まれる野生に近い在来の植物を植える。メアリー・ブースとメロディ・マッキー・アレンが、そうした植物の三〇種――入手できるもののほんの一部ではあるけれども――を、蝶の来る庭づくりの本にイラストで紹介している。見て楽しいうえに、情報満載の一冊だ。

そうした植物の花は、本に紹介されていない在来品種も含めて、従来の園芸品種に見劣りするどころか、それ以上に美しいものも少なくない。たとえば、明るいオレンジ色の小さな花が固まりになって咲くヤナギトウワタや、デイジーによく似た紫色の花を咲かせる愛らしいアメリカシオン、バラ色の小さな花が集まって大輪の花のように見える背の高いフジバカマ、明るい赤の小花が固まって咲くミントの一種モナルダ・ディディマや、黄色いセイタカアワダチソウなど。北米では当たり前に見られるセイタカアワダチソウだが、イングランドにはもともと生えておらず、美しさを愛でてわざわざ栽培されているくらいだ。

自然の中ではじめてモルフォ蝶を見たときのこと、その息をのむ美しさは決して忘れられない。あれはメキシコのシウダー・マンテにほど近い川沿いの熱帯雨林でのことだった。熱帯地方を訪れたのはそのときがはじめてだった。わたしはすっかり心を奪われてしまった。見たこともない鳥――胸の白いクビワアマツバメが川面へと急降下し、頭の赤いメキシコアカボウシインコがけたたましくさえずり、極彩色のウツクシキヌバネドリが枝にとまっていた。だが、そのときもいまも変わらず熱心なバードウォッチャーであるにもかかわらず、その日もっとも印象に残ったのは、木々の間をあのモルフォがひらひらと舞い飛んでいく姿だったのだ。死んで、ピンで固定されたモルフォの標本は見たことがあった。しかし、この美しい生き物が生きて動いている様子は、わたしの理性を吹き飛ばした。わたしがそれまで見た中で、最大の蝶だった。翅の表のほうはきらきらと色合いを変える青で、蝶がのんびりと翅をはためかせると、まるで空の小さな一部が見え隠れするようだった。

わたしは昆虫採集網でモルフォを捕まえた。大義名分はあった——最終的には全国的にも重要なリファレンスである、イリノイ自然史調査所の昆虫部門におさめられることになったのだから。だが本当のところ、わたしがモルフォを捕まえたのは、何としてもこの手で、このまばゆい個体に触れたかったからだ。わがものにしたかったからだ。モルフォを手にすると、ある角度から光が当たったときは青く輝く翅が、別の角度からは真っ黒に見えるのがわかった。イチゴの果汁が手につくと赤く見えるような場合とは違って、明らかに、この青は色素ではない。すると青く見えるものは何なのか、どのように造られているものなのか。

ヒルダ・サイモンの『華麗なる金属光沢（The Splendor of Iridescence）』は、金属光沢がどういうものか、詳しく説明してくれる。その説明は長いけれどもわかりやすく、詩的情緒さえ感じられるものだ。そのうえ、ほれぼれと見とれてしまうようなモルフォ蝶の彩色画も添えられている。蝶や蛾（どちらも鱗翅目《りんしもく》、つまり、鱗状の翅という名の目《もく》に分類される）の翅は薄い膜で、透明だ。色がついて見えるのは、翅の表裏全体を、屋根板のように重なり合って覆っている小さな鱗のためだ。

通常、鱗は色素のある色「粉」で、蛾や蝶に触ると指にくっつくのはこの色のついた鱗、鱗粉だ。だが、色素を持たないモルフォの翅がさまざまに変化する青色に見えるのはどうしてなのだろうか。虹やプリズムを見ると、白い光には虹の七色がすべて含まれているのがわかる。だがサイモンが説明してくれているように、モルフォの変色鱗は青い光だけを反射する。それは翅をごく細い筋が何本も横切っていて、その間隔がちょうど青い光の波長と一致しているからだ。光が一定の角度で鱗に当たり、光の波長が筋の間隔と一致すると、その色――この場合は青色――が反射して見える。波長の合わない光の色は互いに打ち消し合うので、角度がかわると翅は黒く見えるわけだ。

科学的知識は自然の持つ不可思議の魅力を帳消しにしてしまうと考える向きもあるが、それは違う。物事の表面に隠された部分に目を向けることで、科学はさらなる不可思議と、畏れ多いほどの美を詳《つまび》らかにしてくれる。モルフォ蝶の翅が光沢を帯びるしくみを理解することは、蝶の魅力を増しこそすれ、損ないはしない。自然を驚異の目で見られるのは、その神秘の核心を知らない場合だけ、なんてことはないだろう。

日本人の好きなトンボ

何千年も昔から、日本人はトンボやイトトンボ（トンボ目）といった昆虫を愛でてきたが、世界中のどこででも、トンボが人気者だったわけではない。イギリスや北米では――ごく最近まで――一般には黙殺され、何の害もなさないのに、恐れられることさえあった。フランク・ルッツによれば、トンボは「悪魔のかがり針と呼ばれ、いけないことをした子どもの耳を縫いつけてしまうといわれていた。そのほかには、蛇の医者や蛇の飼育者という呼び名があり、これはトンボ類が爬虫類の生理的欲求に供するとされたためである。馬刺し虫という呼び名は、トンボが刺すというこれもまた誤謬《ごびゅう》に基づくものだ」という。しかし北米では、このところトンボ類の評判は上り調子だ。日本人がトンボの美しさをどれほど愛でてきたかひと通り考察した後、もう一度その話題に戻ろうと思う。

一九〇一年、当時東京帝国大学で英文学を講じていたラフカディオ・ハーンはこんなことを書いている。

「日本の古名のひとつに「あきつしま」という呼び名があるが、これは『蜻蛉の島』を意味し、トンボを表す漢字で表記される。現在トンボと総称されているこの昆虫は、古来アキツと呼ばれていた」

欧米にはトンボ類の俗名は多くはないが、日本には、生息している二〇〇種あまりのほとんどに親しみのこもった名前がつけられている。殿様トンボに柳女郎、田の神トンボなどなど。ハーンによると、「一〇世紀以上にわたって、日本人はトンボを歌に詠んできた。これは現代の若い詩人の間でも、いまもなお好まれる主題である。トンボを謳った現存する最古の歌は、一四〇〇年以上も前、雄略天皇御製のものといわれている。古い記録によれば、ある日天皇が狩りをしている折に、アブが来て天皇の腕を刺した。すると、そばにいたトンボがアブに襲いかかり食らってしまった。天皇は従者たちに命じ、このトンボを称える歌を詠ませたという」

日本人が作る俳句という三行詩でも、トンボが題材となっているものは多い。ハーンが紹介している俳句の中から、わたしが気に入っているものをいくつか挙げてみる。

垣竹と　蜻蛉と映る　障子かな

綿とりの　笠や　蜻蛉の　ひとつずつ

蜻蛉の　葉裏に淋し　秋時雨

日本人のトンボ愛好はいまも続いている。四国の中村市には、トンボとその近縁種のイトトンボだけを集めた近代的な博物館があり、そのそばには、トンボと自然を考える会によって、トンボの保護区が作られている。

アメリカとカナダでも、トンボや蜉蝣《かげろう》の装飾的な美しさは、昔から注目されていた。その優美な姿をかたどって宝飾品が作られ、女性の衣類、ネクタイ、ランプの傘、雨傘などさまざまなものに、模様として好んで用いられてきた。しかし、生きているトンボそのものに、昆虫学者以外のアメリカ人が目を留めるようになってきたのは、ごく最近のことだ。

数年前、オンタリオ州立アルゴンキン公園でバードウォッチングをしていると、双眼鏡を手にした少人数のグループと出会った。この人たちもバードウォッチャーだったが、その日は短焦点の双眼鏡を使い、蝶の個体数調査を行っていた。バードウォッチャーが蝶の観察もすることは知っていたが、翌日はトンボの調査をするというのは耳寄りな新情報だった。

シドニー・ダンクルの『双眼鏡で見るトンボ（Dragonflies through Binoculars）』は北米大陸のトンボ観察図鑑で、三八〇点以上の写真が掲載されている。ダンクルいわく、「一般の人がトンボを同定できる俗名はほとんど皆無に等しいため、この本ではアメリカトンボ協会が新たに標準化した英名を用いる」

ということだ。トンボの観察図鑑はこのほかにも数種あり、トンボ協会もいくつか存在する。国際トンボ協会（FSIO、Foundation Societas Internationalis Odonatologica）はオランダに本部があり、一方、世界トンボ協会はドイツに本部を置いている。また、オハイオ州とミシガン州に、それぞれ州の協会がある。

蛍の光

穏やかで心地よく暖かな六月のある夜、バードウォッチング仲間のミルナ・ディートンとわたしは、イリノイ州最南部の草原に駐めた車の中で、夜啼く鳥の声に耳を傾けていた。ヨタカのウィップ・プア・ウィルという声に、時折チャック・ウィル・ウィドウという鳥の声が混じる。まことに、その名の通りの啼き声だ。数百、いやおそらく数千という数の蛍が光っては消え、湿地に生えた草のすぐ上を飛んでいく。束の間、わたしたちは鳥のことを忘れた。わたしよりずっと激しい鳥びいきのミルナでさえ、きらきらと踊る黄色い光の美しさに魅せられていた。

そのときミルナにも説明したことだが——おそらくは彼女が辟易するほど語ってしまったに違いない——、人々の心をわしづかみにする光る虫たちは、firefly とはいうけれども、蝿の仲間ではない。甲虫なのである。発光するのは、腹部の先端にある器官で起きる化学反応のためだ。この光は熱を持たない。発光の作用がきわめて効率的で、エネルギーのほぼ一〇〇パーセントが光を作るのに使いつくされるからだ。これに引きかえ、白熱電球の場合は、光にかわるエネルギーはたった一〇パーセントで、残りの九〇パーセントが熱として無為に放出される。

蛍には子どもも夢中になる。少なくとも、わたしが幼かった頃の子どもたちはそうだった。多くの子どもたち同様に、わたしも蛍を草を敷いた瓶に入れ――子どもたちは蛍が草を食べると思っていたのだ（実際には、ほかの虫を食べる）――、夜、ベッドの中から暗闇で瞬く光を見つめたものだ。あるとき、蛍の光が集まれば本を読めるくらい明るくなるかと思って、いっぺんに大量の蛍をひとつの瓶に詰め込んだことがある。確かに明るくはなったが、目を凝らせば大きめの文字がかろうじて判別できる程度の明るさだった。虫はほかにもいろいろいるのに、どうしてこの種類の虫だけが光を生み出すのか、この虫たちにとって光はどんな使い道があるのか、不思議だった。いまはその答えを知っているが、それでも六月にその年はじめての蛍の光を目にすると、心が躍り出す。

日本人が日本に生息する蛍についてよく知っていて、とても愛好していることを、ムロガ・ヨウコとササモリ・カズコのふたりが教えてくれた。ラフカディオ・ハーンは蛍を謳った日本の童謡を二編、翻訳して紹介している。

蛍来い、水飲ましょ
あっちの水は苦いぞ
こっちの水は甘いぞ
甘いほうへ飛んで来い！

蛍、来い！
土虫、来い！
おのが光で
状持って来い！

わが家のリビングの壁には、美しい漢字の書が飾ってある。文字は「螢」で、書いてくれたのは友人のムロガだ（日本では、漢字は書き文字によく使われる。特に学術的な文書や文芸には多く用いられる）。螢という文字の下半分は「虫」を表し、その上には炎を表すしるしがふたつ並んでいる。つまり、この漢字の字面通りの意味は「炎の虫」ということになる。

ササモリの友人のヤマモト・マサコが、かつて日本の多くの学校で卒業式典に唄われていたという歌の歌詞を訳して送ってくれた。ヤマモトは手紙にこう書き添えている。

「いまではこの歌のかわりにポピュラー音楽を採用している学校もあります。わたしにとってはこの歌なしには卒業式は考えられないので、寂しく感じられます。日本で音楽教師をしていた頃は、いつもこの歌の伴奏をしたものです」

歌詞を紹介しよう。

蛍の光　窓の雪
書《ふみ》読む月日重ねつつ
いつしか年も過ぎ（杉）の戸を

蛍を表すこの漢字はふたつの部分からできていて、
下半分が虫、上半分が炎を意味している。

開けてぞ　今朝は別れゆく

（学校時代、わたしたちは一生懸命勉強に励んだ。昔は明かりがなく、夏は夜、蛍の光を集めて勉強した。冬には窓に降り積もる雪に反射する光で勉強した。長い歳月があっという間に過ぎた。いま私たちは母校を卒業する。甘やかな記憶に満ちた扉を開き、学友たちとも離れ離れになって巣立っていくのだ〔いつかまた集える日が来ますように〕）

『図解日本百科（Japan: An Illustrated Encyclopedia）』によると、「日本では、蛍は古くから、貧しくて燈明の燃料を買えない苦学生が蛍の光で勉学にいそしんだという中国の故事にちなんで思い起こされてきた」という。

蛍狩りは中国から伝来したものかもしれないが、何世紀にもわたって日本で親しまれてきた行事だ。二〇〇六年版の「東京の観光ガイド」には、六月二一日から七月一五日まで、第二六回岩蔵温泉ほたるまつりが行われると紹介されている。

「青梅市の北にひっそりと佇む、趣溢れる湯の里が『岩蔵温泉郷』。幻想的な情景を求めて毎年多くの観光客が訪れるのが『岩蔵温泉ほたるまつり』だ。夏の風物詩として古くから親しまれる祭りで、宿泊客を対象に宿のバスがホタル観賞場所まで案内をしてくれる。美しいホタルの乱舞を見る前後には、塩船観音寺を拝観したり、拠点ともなるハイキングを楽しんだり、美肌効果が高いと言われる湯でリラックスしたりと、ホタル以外のお楽しみも満載だぞ」（ウェブサイトより）

中国でも、人々は古くから蛍に魅了されてきた。ラフカディオ・ハーンが訳した隋書の一部を紹介しよう。

「大業の時代の一二年（西暦六一六年）、煬帝が華清池の宮殿を訪れた。帝の命により、蛍が樽に何杯も集められた。夜、煬帝と廷臣が丘に登ると蛍が一斉に放たれ、谷全体がたちまちにして蛍の光に満たされた」

アイザック・ディネーセンは、わたしたちに負けず劣らず蛍に夢中になっているひとりだ。彼女の書いた『アフリカの日々（Out of Africa）』には、ケニアの高原で毎年六月のはじめ頃、夜、気温が下がりはじめると姿を現すようになる蛍の美しさを、詩を思わせる文調で描いた一節がある。


ある晩、二匹か三匹蛍を見かける。冒険心の旺盛な孤高の星だ。澄んだ空気の中、浮かんだり、沈んだり、まるで波に乗っているかのよう。それとも深々とお辞儀を繰り返しているのか。そのリズムに合わせて彼らは光り、小さな灯火を点《とも》す。次の夜には森はもう、そこら中何百とない蛍に溢れる。

どういう理由からか彼らは一定の高さ、地面の上一・二から一・五メートルにとどまっていて、だからつい想像せずにいられない。六歳か七歳くらいの子どもたちが大勢で、ろうそくや魔法の火を移した短い松明《たいまつ》を手に、楽しげに飛んだり跳ねたりじゃれあったり、灯火を振り振り暗い森を駆け抜けていく様を。森はにぎにぎしい生命のきらめきに満ち溢れ、それでいてまったき静寂のうちにある。


蛍が発光能力をどう役立てているのかという難しい疑問の答えは、昆虫学で一部見つかっている。もっともらしく「一部」と書いたのには理由がある。解明すべき点がまだまだあるからだ。けれども、これまでにわかっていることだけでも充分な驚きだ。明滅する光は異性間の信号なのだ。飛んでいるオスは、モールス信号のようにコード化された簡単な光の暗号を発する。暗号は種によって異なる。草の上などで休んでいるメスがオスの光暗号に気づき、同種の暗号であると見てとると、彼女はメス独自の光暗号を発して応える。オスのものとはかなり違う暗号だが、これも種によって決まっていて、オスはその違いを見分けることができる。メスの信号で、オスはメスの居場所と、彼女に生殖の用意があることを知るわけだ。

だがオスには用心が必要だ。言ってみれば、甘い水には思いもかけない苦味が混じっていないとも限らないのだ——というのも、メスの信号がオスを死へと誘う場合があるからだ。コウチュウ目ホタル科フォティヌス（Photinus）属のオス、つまりここまでわたしたちが話題にしてきた種類の蛍は、フォチュリス（Photuris）属のメスに食べられてしまうことがあるのだ。フォチュリス属のメスは、同じ属のオスの求愛信号にはいたってまっとうな信号で応じる。メスのフォチュリスたちは同属のオスと交わるし、そのときは相手を食べない。だが、他の属のオスの求愛信号となると、反応の仕方が違うのだ。フォティヌスのオスの信号に、同属のメスと偽って返事をするのである。つまり、フォチュリス属のメスたちは、フォティヌス属の暗号を解読してしまったわけだ。このなりすましを発見して、フォチュリス属のメスを妖婦（ファム・ファタール）と名づけたのは、ジェイムズ・E・ロイドだ。何にも知らないフォティヌス属の不運なオスたちは偽の信号でまんまとおびき寄せられ、蛍界のファム・ファタールたちに貪り食われてしまう。フォチュリス属のメスの中には、類い稀なるレパートリーの持ち主もいて、フォティヌス属の暗号を複数種模倣してしまえるつわものもいる。

発光しつつ明滅する東南アジアの蛍の木は、自然が生み出す息をのむような光景の中でもひときわ鮮烈だ。エンゲルバート・ケンパーは、現在のタイで、一八世紀はじめに目撃した蛍の木の記録を残しているが、このめくるめく現象が活字になったのはおそらくこれが最初だろう。ジョン・バックの引用を借りて味わわせてもらおう。

「光る虫《ホタル》……はまた格別の見もので、炎の雲のように木々にまといつく。虫の群れ全体が一本の木にとりついてあらゆる枝を覆い、時に一斉に明かりを落としたかと思うと、次の瞬間にはまた一斉に点し、それがきわめて規則的にかつ正確に行われる」

日中、木には万単位の蛍が休んでいて、夜になるとオスたちが、種によって半秒から三秒の間隔で、完全に調子を合わせてまばゆく光る。木にはオスもメスもいるのだが、メスの発光は同調しない。それでもオスの光が消える間隙を縫ってメスの放つかすかな光が見えるのは、おそらくオスたちに、お相手がすぐそばでやる気になっていることを知らせるためなのだろう。メスは精子を受け取ると――それも多分一匹だけからに限らず――、幼虫が育つのに適した場所に卵を産みつけるべく、木を後にする。

働き者の蟻たち

聞いた話だが、世界的な蟻の権威がとある女性から台所に蟻が出て困ると相談されたとき、いったいどうしたらいいでしょう、と聞かれてこう答えたそうだ――「足を下ろすときは慎重に」。こんなに蟻の立場に寄り添ったアドバイスをする人間は、そうはいないだろう。たいていの人は家の中に蟻を見つけると、駆除業者を呼ぶか、もっと手軽でしかもあまり大々的に殺虫剤をまかなくて済むように、市販の蟻駆除剤を要所要所に仕掛けたりするのがせいぜいだ。とはいえ、家の中では歓迎されない蟻も、文化的には勤勉かつ秩序だった行動の模範として広く認められている。

ソロモンの箴言で知られるソロモンは三〇〇〇年ほど昔の古代イスラエルの偉大な王で、その言葉は旧約聖書に語り継がれている。将来に備えようとしない無精な人に、ソロモン王はこんな忠告をしている。

蟻に倣《なら》うがよい、怠け者よ
蟻のやり方をよく見習い、賢明になるがよい
頭領もなく
統率し、命じる者もなくとも
蟻は夏には食料を蓄え
命の糧《かて》を取り入れる
汝はいつまで寝ているのか、怠け者よ
いつになったら眠りから覚めるのか　（箴言六章八節―九節）

およそ四〇〇〇年の後、ギリシャではイソップが蟻とキリギリスの寓話を書いた。食料にする種を日干

ししている蟻の群れにキリギリスが近づき、空腹でたまらないから種を少し分けてもらえないかと頼んだ。忙しげに働いていた蟻は束の間手をとめ、どうして冬越しの食べ物を集めておかなかったのかと尋ねた。キリギリスは唄うのに忙しくて暇がなかったと答えた——（おそらくイソップは、キリギリスのオスが鳴くのはメスを引きつけるためで、交尾すると間もなくオスもメスも死んでしまうけれども、その子孫は土の中に産みつけられた卵の形で冬を生き延びる、ということを知らなかったのだろう）。

紀元二世紀、すなわちイソップの時代から八〇〇年ほど後、古代ローマの作家アプレイウスが、プシュケーがいかにして不死の女神になったか、という物語を著した。物語はイーディス・ハミルトンの美しい翻訳で読むことができるけれども、なにしろ長くて込み入っているので、ここでは蟻の役回りだけに絞って要約しておこう。女神ヴィーナスはプシュケーの美貌に嫉妬し、彼女に次から次へと無理難題をふっかける。最初の難題は、山と積まれた小さな種を、日が落ちるまでに種類ごとに選り分けるというものだった。「野にいるもっとも小さな生き物」である蟻が、プシュケーの助っ人にやってきた。「蟻たちがせっせと種を選り分け、何もかもいっしょくたの山だったものが、しまいには種類ごとに揃ってきちんと並べられた」

イギリスの辞書編纂者で作家のサミュエル・ジョンソンがこんな詩を書いている。

怠惰なその目を、つましい蟻に向けてみよ
その労働を見るがよい、怠け者！　そして賢くなるべし
厳しい命令も、監督の声もなく
何ものにも、果たすべき務めを定められ、選ぶべき道を指示されることなくとも

時間を惜しみ、身を粉にし
豊かな一日の恵みの糧を得る
実り多き夏が豊かに地を満たすとき、
蟻たちは収穫を得、実りを蓄える

英雄となったワタミゾウムシ

ある特定の状況でだけ、あるいは特別な関心のある人々にだけ好かれる虫——好かれるとまではいかなくても、少なくとも容認される虫というのもある。たとえば有害昆虫の中でも筆頭株のメキシコワタミゾウムシでさえ、その歴史上の役割を不承不承ながら認めねばならないという人が、少数ながら存在するのである。この甲虫は、一八九二年にメキシコからテキサスに襲来してきた。一九二二年までには南東諸州の綿花生産地帯の大半に広がり、綿花の蕾、花、綿実《めんじつ》が食害されることになるのだが、それはもう壊滅的な被害だった。メキシコワタミゾウムシは南部でもっとも恐れられ、忌み嫌われる虫となった。当時流行った歌の一節を紹介しよう(トム・ターピンの引用による)。

ワタミゾウムシ綿を半分食べちゃった

そして銀行家が残りをとった
農家の奥さんに残されたのは
着古した木綿のドレスが一枚きり
それもそこら中穴だらけ、それもそこら中穴だらけ

一九一五年、メキシコワタミゾウムシがアラバマ州のコーヒー郡に到達すると、郡の経済は危機に瀕した。ワタミゾウムシが綿生産におよぼした被害は九〇パーセントに達し、コーヒー郡をはじめ綿花地帯一帯では、綿生産がほぼ唯一の基幹産業だった。農家は綿以外の商品作物を植えて対抗した。その中に含まれていたのがピーナッツで、これはアラバマのタスキギー学園のジョージ・ワシントン・カーヴァーが数々の効用を見出し、数十年もずっと南部の農家に勧めていた作物だった。

混作農業への転換はまさに天啓で、ワタミゾウムシの引き起こした大惨禍という暗雲も、一筋の光明をもたらしてくれたと考えることができる。コーヒー郡最大の街エンタープライズの中心部には、一九一九年に建造された記念碑があり、経済の多様化に果たしたワタミゾウムシの役割を称えている。碑文には、「ワタミゾウムシと、この虫がもたらした繁栄に深く感謝して」とある。それをいうならばカーヴァーの銅像を建てるのが筋ではないかという気もするが、二〇世紀のはじめにアメリカの南部で黒人を称えるというのは、およそ考えられないことだったのだろう。

ノミにまつわるジョーク

ノミを好む人というのはごく稀だろう。だがこの吸血昆虫でさえも、かつて一度は羨まれる存在だったことがある。一六世紀から一七世紀頃のこと、それももっぱら男性にだが。当時の衛生状態はお世辞にもいいとはいえず、ノミはたいていの家にいて、人にもたかっていた――時代の最先端をいく芸術家や作家、知識人らを集めてまばゆいばかりのサロンを開いていた令夫人といえど、その例外ではなかった。

一六世紀後半、マドレーヌ・デ・ロシェと義理の娘のカトリーヌもフランスのポワチエにそうしたサロンを開いていて、一五七九年の集まりの際、妙齢の愛らしいカトリーヌの胸の谷間に、一匹のノミが顔を出した。サロンに来ていた男性陣は目を奪われ、この事件を記念してこぞって詩に書いた。詩人としては無名のエチエンヌ・パスキエは、麗しのカトリーヌの胸の谷間の柔肌を噛んだ運のいいノミへの羨望を謳った。

こうした詩は、実のところ古くからある胸の谷間のノミというジャンルに属し、一九世紀まではこのテーマの詩が作られ続け、現代でも五行俗謡やジョークに同じ発想が見受けられる。このジャンルの詩の多くはパスキエの作品同様、美女の胸の谷間に顔をうずめるノミを羨んでみたり、さらには次にノミが女性のどの部分に移動するか、あれこれけしからぬ想像をめぐらせてみたりする。

一七世紀のはじめ、イギリスの詩人ジョン・ダンがその名もずばり「ノミ」という切ない詩を書いた。

このノミをごらん、このノミに
あなたがどんなに否定しても
ノミは最初にわたしの血を吸い、いまはあなたの血を吸っている
このノミの中で、わたしたちの血は混じり合う
それをあなたは
罪とか恥とか、処女喪失とか言うことはできまい
それでも乞うよりも先にノミはまず楽しみ
ふたりの血でできたひとつの血で膨れ上がる
ああ悲しいかな、わたしたちにはそれはできない

わたしの学生時代、二匹のノミにまつわる卑猥なジョークが流行っていた。お色気たっぷりの若い女性の体に棲みついた二匹のノミが、ある夜居心地のいいねぐらを求めて別々の方向へ出発した。翌朝再会した二匹は、いい寝場所はあったかと訊き合った。一匹は、大きくて丸い山に挟まれた深い谷間で眠ったと言い、もう一匹は欝蒼と生い茂った森をぬけてその奥の穴ぐらに寝場所を見つけたと話したが、これ以上は深入りしないのが賢明というものだろう。

冬を知らせるウーリーベア

イリノイ州シャンペーンでは、郡部の人たちや天気予報士の少なくとも一人が、ヒトリガの幼虫ウーリーベア（毛むくじゃらのクマ）の黒い毛の量で、冬の厳しさがわかると考えている。体長が五センチ以上にもなるこの毛虫は、両端に固くて黒い毛が、中ほどに赤茶色の毛が生えていて、秋の深まった暖かい日、見るからに慌てた様子で道路をわたる姿がよく見られる。アメリカ昆虫学の泰斗ジョン・ヘンリー・コムストックによると、ニューイングランドで「秋の毛虫のように慌てて（hurrying along like a caterpillar in the fall）」という喩えが使われるのは、この毛虫の行動から来ているらしい。毛虫が何カ月も前から気候を予測できると信じる人々は、毛虫の動静を注視し、シャンペーンの気象予報官に採取した毛虫の見本を送ったりしている。しかしコムストックは、「黒い毛の量は個体によって違う」と指摘しているし、ロルス・ミルンとマージェリー・ミルンの説明では、黒い毛の量は「秋の気候に刺激されて冬場の隠れ場所を探すまでに、その個体がどこまで成長したかを示す」ものだという。

わたし個人は、ウーリーベアが冬越しの場所を探そうとするきっかけは秋の気候だけではないように思える。多くの昆虫に倣って、ウーリーベアも季節の指標としてはもっとも信頼できるもの、すなわち日の長さに注意を払っているのだろう。一年でもっとも日が長くなる六月二二日を過ぎると昼間は次第に短くなり、一二月二二日からはまた長くなる。秋になり昼間の短さを感じると、ウーリーベアは冬越しする場所を探しはじめる――日照時間が菊やシャコバサボテンの開花を促すのと同じ原理だ。冬を無事に越し、それまでに成長しきれていなかったウーリーベアは春にもう一度せっせと食べて、やがて繭を紡ぐ。ほどなく繭が割れ、黄色っぽい翅に黒い斑点の散った大人の蛾が現れるのである。

釣りに用いられる水生昆虫

かかりつけの眼科医から、イリノイ自然史調査所のすでに絶版になっている刊行物を探すのを手伝ってほしいと頼まれた。カゲロウとカワゲラ、トビケラのそれぞれを取り上げ、事細かに記述した専門的な論文だ。どれも水生昆虫で、岩の多い流れの速い川に棲んでいる。つまりトラウトの棲む川だ。件《くだん》の眼科医はもちろん釣りの愛好家で、「毛鉤《フライ》」と呼ばれる疑似餌を使った川釣りをたしなむ。フライは釣り針に羽根や毛を施し、水生昆虫に似せた釣り具だ。わたしがお世話になっている眼科医をはじめ、トラウト釣りをする人たちの多くは、ミミズなどの生き餌には見向きもしない潔癖主義者で、もっぱらフライだけを使って釣りをする。チャールズ・ウォーターマンの『釣りの歴史（A History of Angling）』の一節を借りると、「わたしは自分でトラウトをだましたい。神は水生昆虫を造られた。わたしはフライを作る」ということだ。超潔癖な釣り人は昆虫学に通じている。たくさんの水生昆虫を見分け、その生態を理解し、一年のどの時期になると成虫が現れるか熟知している。それもこれも、ある特定の時期に、ある特定の場所に出てくる虫に限りなく似せたフライを作り、トラウトを欺くためだ。

たとえばカゲロウの幼虫は、完全に成長するまでは流れの中の岩にはりついているか、岩の下に隠れている。やがて、種類によって時期は異なるが、泳いで水面に上がってきて川の表面で肢を踏ん張り、翅を生やして交尾のために飛び立っていく。トラウトは用心深い魚で、捕まえようと思ったらその季節に適した種類と形のフライを投げないといけない。虫の卵が孵って間もない時期には、水に沈む「ウェットフライ」が有効で、これはこの時期の幼虫にありがちな形をしており、手元に引きつける動きが泳いでいる幼虫とよく似ている。その後しばらくして孵化から日にちが経つと、今度は沈まない「ドライフライ」が使われるようになる。これはその時期水面に現れて休んでいるなりたての成虫によく似ていて、そっと投げると水面にとどまるので、だまそうとしているトラウトを警戒させないで済むわけだ。

フライフィッシングの歴史は古い。一七〇〇年以上も前に、マケドニアでの釣りの流儀を記録したローマ人クラウディウス・イーリアンの文章をラリー・コラーが紹介している。「人々は鉤に赤い毛糸を巻きつけ、そこに雄鶏の顎の下羽根を二本留めつけた。羽根は蝋に似た色であった。ここの人々が使う釣り竿は六フィート（一メートル八〇センチほど）で、同じ長さの糸をつける。そうして釣り人が餌を放つと、魚は毛鉤の色に刺激され近づいてきて……たちどころに口を開けるが、鉤に捕まり、楽しむはずのごちそうは口に苦く、苦々しくも囚われの身となるのである」

一六五三年に、アイザック・ウォルトンが『釣魚大全』を世に出した。釣りの本としては、おそらくもっとも広く知られている書物だろう。

ウォーターマンがいささかげんなりした調子で記しているように、「ウォルトンは濡れ餌を使った」。つまり、ミミズなどの生き餌を使ったのだが、『釣魚大全』の後の版で共作者として名を連ねるようになるチャールズ・コットンは単なる「生き餌使い」ではなく、人造虫の数々を一覧にまとめ、フライのくくりつけ方を詳細に説明して『大全』に厚みを加えた。フライフィッシングはトラウト釣りの間では一種宗教がかった位置づけにまでなってきていて、「釣りの方法としてこれほどまでに倫理や『しきたり（コード）』、形式がついて回るものはない」とウォーターマンも書いている。

とはいえ、中には――フライフィッシャーにどれほど白い目で見られようとも――生き餌を使ってトラウトを釣る釣り師もいる。コネティカットで育った少年時代のわたしと友人もそうだった。わたしたちは水生昆虫ではなく、ミミズを使った。自然の状態でも、土手が崩壊して川に落ちると土の中にいたミミズがトラウトに出くわす場合がある。そのことを発見したわたしたちは、流れに土手の土を蹴落としてトラウトにミミズのごちそうを期待させておき、下流に走って行って泥が流れてきたところで釣り針を川に送り出した。生き餌を使うやり方としては、落第だとは知らなかった。わたしたちは魚と知恵比べをしたかったのではなく、とにかくトラウトを捕まえて食べたかっただけだ。

昨今では、フライは「リーダー」という長くて細いナイロンなどの透明な合成繊維で釣り糸にくくりつけるが、合成繊維が作られるようになるまでは、何世紀もの間、リーダーには天然の絹糸が、それもきわめて不自然な形で用いられていた。リチャード・ペイグラーによると、充分成長したイモムシが繭を作りはじめる前に、その絹糸腺を取り除くのだそうだ。

繭といっても、次の章で取り上げる蚕の繭ではなく、中国産のヤママユガ科の一種の繭で、この蛾は北米によくいるプロメテアガやセクロピアガの近縁種だ。絹糸腺にはまだ固くなっていないシルクが含まれていて、これを「酢に浸し、洗い、二（メートル）以上に引きのばす」。もともとは、当時の中国広東州の海南島で行われていた製法だ。

次の章では、蚕について考える。蚕は絹というすこぶる価値の高い繊維を作り出して、人間社会に利益をもたらす昆虫だ。絹は加工され、贅沢な織物になる。それに続く章では、蚕以外にも人間が価値を認めた昆虫がいるということ、昆虫の体や、蚕の場合のように昆虫が作り出す物を使わせてもらうことで、人間が恩恵を受けているということを見出していきたいと思う。

第2章

蚕と絹の世界

布地の女王、絹

何千年も昔、中国の人々は、細い生糸で目もあやな布地を仕立てられることを知った。糸は、桑の葉を食べる蚕、すなわちカイコガの幼虫の唾液腺から分泌される糸だった。多くの昆虫の場合同様、カイコガの幼虫もこの糸を使って繭をこしらえ、その中で蛹になる。蛹はイモムシ型の幼虫から翅のある成虫へと変態を遂げるための中間点だ。虫けらのはらわたという「下賤」から生まれたにもかかわらず、絹（訳註：主に蚕によって生み出されるものを絹、それ以外をシルクと訳した）は世界中で常に愛され、おおいに価値あるものとされてきた。

一説によれば、紀元前二六四〇年、中国の帝妃・西陵が蚕の繭を誤って熱い茶の中に落としてしまった。繭をすくい上げたところ、とてつもなく長くて細い糸が出てきた（なぜ繭が熱い湯に浸かる前ではなく、後でならこういうことが起きうるのかについては、後ほど見ていこう）。これが養蚕、つまり蚕を育て、絹糸を得るという産業の起源であるといわれることがあるが、古代遺跡より絹地が発見されるところから考えると、絹の有用性はさらに古く、石器時代の末期あたりには知られていたものと思われる。

数千年の間、中国の人々は絹生産の秘密を用心深く守ってきた。紀元前一〇〇〇年頃には、インドやペルシャ、トルコとの絹交易がはじまっていて、紀元前後にはインドに、数世紀遅れて日本にも、養蚕技術は伝わった。紀元六世紀、ビザンチン帝国のジャスティニアン一世の命を受け、ペルシャの僧ふたりが蚕の卵を秘密裏に持ち出し、内部を空洞にした杖に隠してコンスタンティノープルまで運んだ。東洋の秘密がついに漏れ出でたのだ！　このわずかな卵がヨーロッパ養蚕の礎となり、イタリアとフランスを中心に繁栄していくことになる。後に詳しく説明するが、一九世紀にはアメリカ合衆国でも養蚕は試みられた。しかし養蚕は人手のかかる産業で、手間賃の安い海外とは競争にならず、アメリカでは日の目を見なかった。

絹が繊維の女王であることに議論の余地はない。絹について語った、優美かつ含蓄に富み、図版もふんだんに入った著書で、フィリッパ・スコットは、絹地は「豪奢で、気高く、神々しい。異国の香り、色香があり、艶めかしい。百万言を尽くすまでもなく、ただひたすら美しい」と書いている。詩人たちもまた、絹の特質に目を留めていた。紀元前一世紀、漢の皇帝は、亡き愛妾の衣擦れの音を二度と聞くことのできない悲しさを詩に詠んだ。シェイクスピアは、オセロが妻デズデモーナに、愛の証としてはじめて贈ったハンカチを出して見せろと詰め寄る場面で、絹のハンカチには超自然の価値があり、「糸を吐き出す虫けらの情念がこもっている」と言わせている。また一六四八年、イギリスの詩人ロバート・ヘリックは、

わたしのジュリアが絹をまとって出かけるとき
ついつい思う、きっと甘く波打つのだろう
流れるような彼女の衣
そしてわたしが目を向けると
絹はそこかしこに向けのびやかに揺らめき
その輝きに息をのむ！

と謡った。

先述したスコットは、「歴史に登場以来、絹が求められ、珍重され、最良にしてもっとも高貴、神聖で名誉ある賜り物の象徴であると考えられなかった時期は一瞬たりともない」と記している。一二世紀のヨーロッパでは、聖人の遺骨や遺物が輸入品の貴重な絹地――多くの場合、着古された聖職者の衣の切れ端――に包まれ、崇められた。

人々の社会における地位も、その人物が身に着けている生地がどれだけ贅沢かではかられることが少なくなかった。品の良さと富を体現する筆頭にくるのは絹だ。マーク・トウェインは、「服が人を作る。裸の人間は社会ではまず実権を持てない」と言ったとされている。J・R・ストレイヤーが編んだ『中世事典（Dictionary of the Middle Ages）』はさらにストレートだ。

「衣服は社会的証票だった。身に着けている衣類は、見た者に着ている人物の階級、宗教、職種（さらにはその職における地位）を一目で理解させるものであった」

紀元前七五三年にローマが創建される数世紀も前から、中国の皇帝は絹を身に着けていた。それが次第に儀式性を強め、清朝（一六四四―一九一二）までには、最高級の絹糸と金糸とを交織した、甚だしく装飾性の高い典服となっていく。スコットは著書で、一〇世紀日本の貴族社会における絹織物の役割を記した紫式部の記述、「衣は人である。着ている人の人となりをそのまま表す」を紹介している。一四世紀に中世英語で書かれたチョーサーの『カンタベリー物語』の粉屋の物語では、若く美しい大工の女房（原文はJ・U・ニコルソンにより現代英語に訳されたもの）が絹で着飾っている。

女房のガードルは、縞の入った絹地
前掛けも絹で、朝搾りたての乳のごとく白い
腰のまわりはたっぷりの襞
スモックは白いが、前身頃一面の刺繍
それに背中も、首のまわりも
炭のように黒々した絹糸で、裏も表も
頭に乗った白い帽子の紐は
襟元と同じに黒い絹糸でかがられ
髪飾りは幅広の絹を高く立て

中国や日本、後の中東と同じように、中世ヨーロッパでも絹は布地の女王となり、華美な衣類の最高級品と見なされるようになった。中世期、特定の国々では、人々が何を着るべきかを定めた奢侈《しゃし》禁止令があった。禁令には服装が過度に華美になるのを抑える狙いもあったろうが、多くの場合は衣服によって社会階層をくっきりと色分けすることが目的だった。ジョン・ヴィンセントによると、一四八八年にはスイスのチューリッヒで貴族階級でない女性は「絹の衣類を着ること、外衣や靴、襟に絹の縁取りをつけること」を禁じられていた。一六九三年のドイツ、ニュルンベルク令は、高貴な家庭の婦女には「胸あてには上等のベルベット、ダマスク織り、銀糸金糸とともに織り上げた絹を用いること」を勧めていたが、一方商人階級の婦女に認められたのは「ダマスク織りと質の劣る絹の」腰布と上衣だけで、「サテンや質のよいベルベットは裁断されているものでもされていないものでも、一切身に着けてはな

らず、反した場合には一〇グルテンの罰金を科す」としていた。

驚くことに、スペイン征服以前には、現在のメキシコや中米にあたる地域でも、先住民に同じような服装規定があったとゲイリー・ロスは言う。

「あらゆる機会で――労働の場でも公式行事でも、戦地においてさえ、個々人は自分の社会的地位を表す生地を身につけた。服装はまさに人物同定指標だった」

ロスによれば染料――当然のことながら天然染料である――が「服装の位階づけにおける第一の基準であった」という。第3章では、昆虫から作られる天然染料について考えてみることとしよう。

ナイロンなどの合成繊維が種々登場してきても、絹はいまだに、もっとも贅沢で豪奢な繊維であると考えられている。一九三八年、当時の社交界でもっとももてはやされた令嬢のひとり、ブレンダ・フレイジャーが社交界デビューのパーティにストラップのないシルク・サテンのドレスを着て現れ、そのデザインを流行させるきっかけとなった。イヴ・サンローランがシルク・シフォンのシースルー・ブラウスでファッション界をどよめかせたのは一九六六年だった。二〇〇五年春の〈ウェディングス・イン・スタイル〉誌を飾ったローリー・エヴァンスの記事は「トランプとその周辺」と題し、「ドナルド・トランプとメラニア・クナウスの華麗なる合体の内幕」を垣間見せた。それによると、花嫁が着たクリスチャン・ディオールの特注ドレスは、真っ白なシルク・サテンに手仕事でビーズと刺繍がびっしり施されて重さ三〇キロほどになり、価格も一〇万ドル以上になるそうだ。

シルクを生み出す、さまざまな昆虫たち

蚕とその近縁のイモムシ以外にも、多くの昆虫やクモがシルクを合成し、分泌する能力を進化させてきたことは、あまり知られていないかもしれない。蚕をはじめシルクを分泌する昆虫やクモは、もちろん人を喜ばせようとしてシルクを合成しているわけではない。ではどんな使い道があって、知られているだけで九〇万種の昆虫と六万五〇〇〇種のクモのうち数万種がシルクを作るのか。昆虫生理学の権威サー・ヴィンセント・ウィグルスワースは、その著書でシルクが生存と生殖の競争に大きな役割を果たしてきたと教えている。そればかりか、ウィグルスワースの指摘によると、昆虫やクモはいくつかの種ごとにそれぞれ異なる器官を使ってシルクを生産しているということで、これはつまり、シルクを作る能力が個別に進化したことを示す証左である。

蚕をはじめ多くの蛾や蝶の一部の幼虫、スズメバチの幼虫、蟻、マルハナバチやそのほかの蜂、さらに数種の昆虫は、唾液腺から変化した絹糸腺より分泌され、口の両脇にある「出糸突起《しゅっしとっき》」から押し出されるシルクを使って繭を紡ぎ、動けずまったく無防備になってしまう蛹の段階になったわが身を、自然環境や捕食昆虫から守ろうとする。テンマクケムシのコロニーは、唾液腺からシルクを分泌し、野生の桜の木の股に真っ白で巨大な秘密の巣をこしらえてそこに隠れる。アジアやアフリカでは、ツムギアリの成虫が、自分ではシルクを出せないので、幼虫を顎に挟んで織り機の杼《ひ》のように操り、幼虫の出すシルクで葉を紡ぎ合わせて木に巣を作っていく。マイマイガなど数種の蛾の孵ったばかりの小さな幼虫、

それにクモは、とても長い距離を、時には数キロにわたって風に乗り、自分の出したシルクの糸にぶらさがって旅することがある。わたしが指導した大学院生のオーブリー・スカブローは、セクロピアガの幼虫が繭を作る場所を求めて、もともとの木から移動した軌跡に印をつけていくのを観察した。その距離は九メートルから時にはそれ以上におよび、後でたどって戻ることもあるのだろう、もといた木の幹から地面に、シルクの道筋が一本敷かれるのだ。

クモの多くと同じように、昆虫の中にもシルクの網の罠で餌を捕まえるものがいる。たとえば小川に棲むトビケラの幼虫は、単細胞の藻類や小さな生物を、絹糸腺から出したシルクの網で流れから選り分ける。ハロルド・オルドロイドの記述によると、ニュージーランドのワイトモ洞窟に「ツチボタル」――これは実のところ、蠅の幼虫、ウジである――を見物にいったボートの人々が見たものは、絹糸腺から分泌されたシルクの糸で洞窟の天井からぶら下がっているたくさんのコロニーだった。糸のところどころにビーズ状の粘っこい粒があって、それが暗闇で光を発して飛ぶ虫を引き寄せ、捕まえるのだ。ウジの中には池底の泥にU字型の穴を掘り、その先端をシルクの網でふさぐ種類もある。幼虫が波状にうごめいてトンネルの後方から先端に向けた流れを作るため、網には食料となるものが引っ掛かるしくみだ。三分から四分ごとに幼虫は網もろとも食料を食べ、もう一度新たに網を作り直す。

オドリバエのオスは、食料を贈り物にしてメスに求愛する。この場合の食料は前肢の腺から分泌されるシルクにくるまれた虫だが、オドリバエの中には、シルクを丸めただけで中に虫が入っていない贈り物で求愛する種もある。理由はわかっていないのだが、メスはシルクの玉を受け取ってからオスの求愛に応じる。シルク玉は純然たる象徴以外の何ものでもない。

シロアリモドキと呼ばれる小さな虫は、土中に掘ったトンネルなどを、自分の前肢の腺から分泌したシルクで縁取り、そこに棲んでいる。多くの昆虫と違い、シロアリモドキは幼生ばかりではなく成虫もシルクを分泌する。

原始的で翅のないシミは、体内では受精しない。つまりオスのシミは、ほかの虫とは違って自分の精子をメスの「膣」に注入する「ペニス」を持たず、精子の塊を地面に放出しておいて、伴侶をその場に案内するためにペニスに似た器官から吐き出したシルクの糸を張り渡して、精子の塊まで導く。案内の糸に導かれ、精子の塊を見つけてそれを自分の性器に詰め込むかどうかは、ひとえにメス次第だ。

アリジゴクとして知られる食虫幼虫の成虫クサカゲロウは、卵をゆるい塊で産みおとすが、ひとつひとつの卵を捕食者から――あるいは先に生まれたきょうだいからも――守るために、長くて細い卵柄《らんへい》の先に卵を産みつける。卵柄は、昆虫にとっての肝臓にあたるマルピーギ管から分泌され、肛門から放出されるシルクだ（一八世紀イタリアのマルチェロ・マルピーギは、人間や昆虫の解剖学的研究の先駆者として有名で、蚕の研究の中で「昆虫の肝臓」の構造と機能を明らかにした）。また水生甲虫の中には、水に浮かぶシルクの繭玉に卵をしまいこみ、マストのような空気管をつけてやるものもいる。このシルクは、性器につながった腺から分泌される。

人に飼いならされた蚕

一〇〇〇年にわたって人の手で育てられてきた蚕は、すでに野生状態では存在せず、ミツバチも含めあらゆる昆虫と決定的に違って、食べ物もなにも完全に人間に依存するようになっている。成長途上にある蚕はすっかり「飼いならされ」、動きたがらず、餌が手近になくても飼育箱や棚から逃げ出して食料を探しにいこうともしない。

蚕は昆虫学の用語でいう寄主植物特異性が強く、カラヤマグワ以外の植物を与えると餓死するほどだ。桑の仲間でもごく限られた品種なら口にすることはあるが、あまり熱心に食べないし、その場合、絹の出来はよくない。こういう食わず嫌いは珍しくない。ルイ・ショーンホーフェンらの試算では、草食昆虫四〇万種のうち実に八〇パーセントほどは食べ物の選り好みが激しく、一種類かごく近縁の数種類の植物しか食べようとしないという。

マサチューセッツ州ノーサンプトンのスミス・カレッジのマージョリー・セネカル教授は、ノーサンプトンに古くから伝わる養蚕の歴史を紐解くプロジェクトの責任者で、彼女が紹介しているニューイングランド・シルク会議の一八四二年の会議録にはこうある。

「結論――アメリカと中国で桑の木が自然の森林に見出せる以上、これは神の摂理の顕れである。すなわちわが国も中国と同じように、おおいなる絹の国として造られているしるしだ」

しかしアメリカで蚕を育てようとする試みは何度も実行され、結局は放棄された。会議録の結論を記した人物は、神の恩寵を見誤っていたようだ。おそらく、植物の知識に乏しかったからだろう。同じ種類の桑の木が、アメリカと中国の両大陸で、天然に生えていることはありえない。蚕が好むカラヤマグワはユーラシア原産で、養蚕のために持ち込まれるまではアメリカにはなかった。アメリカに自生するのはアカミグワだが、蚕が喜んで食べる品種ではない。もっとも、人間にとってはアカミグワの実のほうが風味のないカラヤマグワの実よりも酸っぱくておいしく感じられるのだが。

後にアメリカ合衆国となる入植地では、ごく初期から生糸産業を確立することがひとつの目標となり、それは二〇〇年以上にわたって根気よく続けられた。セネカルの調べでは、一六〇七年、イングランド王ジェームズ一世がヴァージニアに設けられたばかりの入植地ジェームズタウンに「王所蔵の卵と、……各家庭それぞれに『絹生産技術論（A Treatise of the Art of Making Silk）』を」送り、「蚕はメリーランド以外のすべての入植地で育てられ、散発的に成功をおさめた」。養蚕は一九世紀になるまで続けられたが、最終的には失敗している。というのも、養蚕業にはとりわけ人手が必要だったからだ。セネカルによればノーサンプトンで蚕の生産がはじまったのは一八二〇年代で、「街は蚕が桑の葉を噛み砕く音に満ち溢れ、ハンプシャー・フランクリン・ハムデン農業市で地元産の絹に賞が与えられた」という。一八三二年には紡糸工場ができて、「蛾から生まれたシルクが衣へと紡がれた」。一八四六年までには養蚕は絶えてしまうが、有名なコーティセリ製糸とノノタック製糸の工場は残り、海外から輸入された生糸を使って生産が続けられた。だがそれも、大恐慌やレーヨンの隆盛に押され、一九三六年までには競争力を失い、工場は完全に閉鎖されてしまうことになる。

蚕を育てるのにどれほどの労働力が必要かといえば、アメリカ合衆国農務省官報にヘンリエッタ・エイケン・ケリーが養蚕業者のために記した「実践的手引き」が参考になる。蚕を育てる技術は格段に進

桑の葉に食らいつく蚕と、
出たばかりの繭にしがみつくカイコガ

歩しているが、基本的な工程はケリーが手引きを書いた一九〇三年とほぼかわらない。

それによると、蚕が卵から孵ったばかりの状態を経て繭を作るまでになる三〇日から四〇日の間に、体重はなんと一万四〇〇〇倍になるという。だが蚕の旺盛な食欲を考えればそれも不思議ではない。一オンス（約二八グラム）の卵から孵る蚕――おおよそ四万プラスマイナス数千匹――だけで、最終的に新鮮な桑の葉一トン以上を平らげるそうだ。丁寧に世話してもらった蚕は、これだけの量の桑の葉を、およそ七七キログラムの絹にかえる。

蚕の幼生期は五期に分かれていて、四回脱皮するわけだが、彼らの食欲は特異な成長率に呼応して、指数関数的に増大する。素人が蚕をはじめて育ててみると、大きくなればなるほどどんどん旺盛になる食欲に誰もが驚かされるが、底なしの要求に応えて次から次へと桑の葉を与えてやらねばならなくなる。最初の二齢の間は、全体の食事量の〇・五パーセントしか食べず、三齢目が二・六パーセント、四齢目で一二パーセントになるが、最後の五齢目になると、実に八五パーセントを貪るのである。

ケリーの観察したところでは、卵から孵ったばかりの小さな一齢の幼虫は、柔らかい桑の若葉を細かく砕いたものを頭の上から振りかけられて、それを食べていることが多いようだ。二齢の幼虫も同様に細かく砕いた若葉を与えられるが、三齢ともなれば充分大きく成長して、葉をまるまる一枚か、あるいは粗く刻んだだけで食べられるようになる。四齢と五齢の間は、葉のついた枝ごと与えられる。一齢の終わり頃から、下にたまる葉のくずや排泄物を始末しやすいように、工夫を凝らしたやり方で給餌されるようになる。廃棄物の塊である「ベッドは、おそらく蚕にとって最大の危険をもたらすもとだ。空気が滞留するとガスが溜まって発酵を起こし、病気を蔓延させる原因を作る」とケリーは書いている。蚕の集団が次の齢に進む――普通、一斉に進む――時期になると、餌は網の上で与えられるようになる。

インドで、ほぼ完全に成長した蚕に最後の葉を与える女性

その手順についてのケリーの説明を読んでみよう。

夜のうちに網に最後の食事をまぶし、それを蚕の上に広げる。朝には蚕たちは新しい葉を求めて網の目を通り、上に登ってきている。そうしたら上の棚から順に網を持ち上げ、（蚕と一緒に）きれいな棚に移す。網から古いベッドのカスをできるだけ取り除き……こうしてベッドの交換は最小限の労働ですみやかに済ませられる。網の張り具合は重要で、蚕が中央部に密集しないようにぴんと張っておかなければならない。

五齢の最初の五日間で、蚕は途方もなく成長し、底なしの食欲を満足させるのは容易ではない。続く三日間、蚕は食べるのをやめるが、食べ物を探す以外に動かない時期とは違い、「あらゆる方向に走りまわり、時折立ち止まっては暗闇で人が方角を探るような仕草で頭を動かす。これは蚕が、繭を作る適当な場所を探しているしるしである」とケリーは書いている。この時期、ゆるく束ねたシダや藁が蚕のそばの棚板に置かれる。すると蚕は束に登り、長い絹繊維一本で繭を作りはじめる。七日から一〇日ほどで、蚕は糸を吐き出すのをやめるが、そうなると採集時で、余分な毛羽《けば》は取り除かれ、中の蛹を殺すために繭は煮られる。蛹が死なないと、羽化した蛾が酵素で絹を溶かして繭に穴を開けてしまうのだ。そうなると絹糸が寸断されて、一個の繭で一二〇〇メートルから一六〇〇メートルにもなるひと続きの立派な絹糸がとれなくなってしまうのだ。

絹の繊維は対になった絹糸腺から分泌され、主に丈夫で弾力のあるフィブロインと、粘性のあるセリシンという二種のたんぱく質からできている。セリシンがこのふたつのたんぱく質をつなぎ合わせ、さらには一本の長い絹繊維を繭という堅い殻状に固めている。絹繊維は、熱い湯の中で繭が「柔らかく」なり、水溶性のセリシンが水には溶けないフィブロインから分離されなければ解くことができない。繭を柔らかくした後、絹繊維の端をとって、ほかのいくつかの繭の絹と合わせ、一本の強力な糸としてよりあわせていくわけだ。

実験動物としての蚕

蚕は良質の繊維を提供するだけではなく、実験動物としても人間社会に貢献してくれている。二件の主要な科学的発見において中心的役割を果たしたのだが、そのひとつは医療にはかりしれない影響をおよぼし、もうひとつは昆虫をはじめ、人間にまでおよぶさまざまな動物の行動を理解するうえで、まったく新しい視点を提供することになった。

「一九世紀の半ばにかけて、フランスの養蚕場を謎の病が襲うようになった。……一八六五年までにはフランスの養蚕業はほぼ壊滅状態となり、西ヨーロッパ各地の養蚕業も打撃を受けた」とルネ・デュボスは書いている。大惨事の予感が重く垂れこめた。養蚕と絹織物産業はフランス経済の主軸を担っていたのだ。フランス農業省の大臣は謎の病を研究させるべく、科学者のチームを招集した。デュボスの言葉を借りれば「画期的な先見の明で」、すぐれた化学者であり、微生物学者であったルイ・パストゥールが、チームの責任者となった。

パストゥールは実際、この仕事にうってつけの人材だった。三年間にわたって細かな観察と実験を繰り返した結果、パストゥールは病気が二種類あること、いずれも微生物の「病原体」によってそれぞれ引き起こされていることを見出した。プロトゾアン（アメーバの仲間）によって引き起こされるペブリンという病気にかかった蚕には、小さな黒い斑点ができる。ペブリン、つまりフランス語で「胡椒病」という名前はそこからついた。この病気にかかった蚕は成長が遅く、大きくならない。多くは死に、生き延びて成虫になっても弱かったり、体に欠損ができたりする。フランス語で「弛緩」を意味するフラシェリという病気のほうは、バクテリアが原因だ。よく成長して一見健康な蚕が、動きが緩慢になったかと思うと嘔吐し、「下痢」を起こし、間もなく脱力して命を落とし、死骸は真っ黒になる。時として、しまりのなくなった死骸が繭をこしらえるために置かれた束の上に垂れ下がることがあった。病気の原因を突き止めると、パストゥールは感染を食い止め、感染している個体を検知する方法をも見出すことができた。

これは、バクテリアなど単細胞の微生物が（人間も含めた）動物に病気を引き起こす原因となることを明らかにした、世界ではじめての例だった。その数年前、パストゥールは感染性の病気の原因に細菌がかかわっていることがやがてわかるであろうと予測していた。明言された最初の細菌説である。彼の予測は、発酵と腐敗の研究から出てきたものだった。有機物の発酵や腐敗の過程で溢れんばかりに見られる顕微鏡サイズの微細な有機物は、自然発生したものであり、発酵や腐敗の原因ではなく、その過程で生み出される副産物であるとそれまでは信じられていた。

パストゥールは自然発生が不可能であることを示し、さらに、微細な有機物は大気中どこにでも存在していて、それこそが疑いの余地なく発酵や腐敗の原因であると結論づけた。デュボスが記しているように、パストゥールは「(発酵と腐敗)以外でも有機物が変質するのは、多くの場合微細な有機物の活動の結果であると考えられる」として、そこには動植物に見られる伝染性の病気が含まれると予測したのだった。蚕の病気の原因が細菌であるとパストゥールが証明したことは、分水嶺ともいえる発見であり、細菌説のゆるがぬ証拠でもあり、生物学が医学界に与えた衝撃のひとつ、それどころか、最大の貢献であったとさえいえるかもしれない。

だがもちろん、常識の範囲で考えて、目に見えない細菌が感染や病気の原因になるなどお話にならないと考える人々もいた。そうした人々は手を洗わずに切断などの外科的処置を行ったり、患者たちの血で汚れた白衣のまま医療行為をするという習慣を改めなかった。だがパストゥールの発見に感じ入ったスコットランドの外科医ジョーゼフ・リスターが消毒の必要性を訴えてまわり、ついには医学界にも、細菌説の重要性が浸透していった。おかげで、外科的処置を無菌状態で行う必要性が明らかになっていった。のみならず、ここからワクチンの開発、さらにはさまざまな病気の感染経路の発見へと道筋がつけられた。インフルエンザは空気感染する。ペスト、いわゆる黒死病は、ノミを介してネズミから人へ。マラリアは蚊によって人から人へ。ライム病はダニが齧歯《げっし》類から人へと運ぶ——という具合に。

フェロモン探究の物語

人間にとって視覚と聴覚が重要な感覚であるのと同様、いやもしかしたらそれ以上に、蚕などの昆虫にとっては味覚と嗅覚が大切だ。昆虫のほとんどは、交尾の相手を見つけるのにも、仲間の昆虫と意思疎通するのにも、フェロモンと呼ばれる化学物質を信号としている。ドイツの化学者アドルフ・ブテナントは数十年にわたってカイコガの成虫を用い、一九五九年、ついにフェロモン――カイコガのメスが持つ空飛ぶ性誘引物質である――の分離と化学的同定に成功した。

フェロモン探求の物語は一八七四年にはじまる。昆虫を観察する鋭い目と、文学的にも評価の高い昆虫記とで有名なフランスの博物学者《ナチュラリスト》ジャン・アンリ・ファーブルが、途方もない現象を観察したのがきっかけだった。オオクジャクガのメスが、籠《かご》に入れられて姿が見えないはずなのに、遠くからオスを何十四匹も引き寄せてしまうのだ。メスはどうやってオスを誘っているのか。はじめファーブルは、メスが「電波」を発しているのではないかと考えたが、最終的に、人間の鼻には嗅ぎ分けられないが、蛾のオスにはわかる何らかの匂い――それをいまわれわれはフェロモンと呼ぶ――を出しているのだろうという結論にいたった。ファーブルの観察から間もなく、昆虫学者たちはメスの「誘引腺」から出る微細なエキスが、オスを強力に引きつけていることに気づく。だがこの分泌物はたくさんの化学物質が複雑に混合したもので、そのうちのどの物質が、あるいはどの物質とどの物質の組み合わせが、実際の誘引物質であるのか、誰も特定できなかった。しかも言うまでもないことだが、性誘引物質にせよその他のフェロモンにせよ、化学的組成は、当時どれひとつとして知られていなかったのだ。化学組成がわからなければフェロモンにせよ何にせよ人の手で合成することはできないし、研究や、害虫を引き寄せるといった実用のために大量生産することもかなわない。

カイコガは、メスもオスも翅があるが、飛ぶことはできない。それにもかかわらず、メスは性誘引フェロモンを発してオスをきりきり舞いさせる。ブテナントはこれを利用して、メスのカイコガの誘引腺から出る分泌物を分離し、その原液のうちで何が活性要素であるのか、化学組成を明らかにしようと考えた。彼と共同研究者たちは五〇万匹のカイコガの分泌物を集めた。この大量の分泌物から抽出できた成分はわずかに〇・〇〇一二グラムで、ごくごく微細な量でも、分泌物の全量と変わらずにオスを興奮させた。これが純粋なフェロモンで、ブテナントはボンビコールと呼んだ。

ブテナントの発見は、ダムの水門を開いたようなものだった。全米科学アカデミーのウェブサイトを見ると、昆虫学者や化学者は今日までに「一六〇〇種以上の昆虫のフェロモン暗号を解読している」という。いまでは、フェロモンは単なる性誘引物質ではなく、多くの種類があることがわかっている。たとえば、蟻は地面にフェロモンの道筋をつけて食料のありかを知らせる。昆虫の一部、特にミバエは、自分が卵を産みつけた果実にフェロモンでしるしをつけ、卵を産もうとしているほかのメスを追い払う。互いの子どもたちが食べ物を奪い合うのを避けるためだ。ミツバチは大気中に警戒フェロモンを出し、巣に近づいてハチミツをくすねようとする熊や人間を刺して追い払うよう、巣の仲間に呼びかける。最初に発見されたフェロモンは昆虫のもので、フェロモン研究は昆虫中心に進んできたが、カニや魚、犬、人間など昆虫以外の動物もフェロモンを使って化学的コミュニケーションをしていることがわかっている。

　また、昆虫のフェロモンには大きな応用価値がある。大量生産された合成フェロモンは、毎年億ドル単位で――一〇億ドル単位とまではいかないかもしれないが――経済に貢献している。そのひとつが、フェロモンを使って害虫の個体数を把握することだ。フェロモンの罠のおかげで、農家や果樹農家は、ある害虫がいつ現れ、殺虫剤を用いるのが経済的に引き合うほど大量に発生するかどうかを推し量ることができる。言い換えれば、害虫によって被る経済的損失と、殺虫剤を使うコストとどちらが大きくなるか、ということだ。フェロモンのもうひとつの使い道は、害虫の数的コントロールだ。オスだけを殺す罠を作り、メスの多くが受精しないようにすることができる。畑や果樹園に性誘引物質が染み渡ると、オスはメスを見つけるのがとても難しくなるので、害虫の生殖率を低く抑えることもできる。全米科学アカデミーのウェブサイトを見ると、このようにフェロモンを使って交尾を阻害することで、果樹園、ブドウ園、トマト、米、綿の害虫被害を抑制するのに役立っていることがわかる。

野生のシルク

　リチャード・ペイグラーによると、世界で取引される商業シルクのほぼ九九パーセントは、桑の葉を食べるカイコガ科のカイコガに由来する。だが彼はこのほかに、過去に、また現在もシルクを産する昆虫として二〇種以上の蛾と蝶一種をあげていて、いずれも桑を食べない。多くは、カイコガ科に近いヤママユガ科の「巨大《オオ》カイコガ」だ（この仲間には本当に「巨大」になるものがある。翅を広げると一二、三センチになるものは北米最大のセクロピアガで、もっと大きなアトラスモス〔*Attacus*〕は翅を広げた大きさが二五センチにもなる世界最大の蛾だ）。これ以外でシルクを生み出す蛾のほとんどは同じ仲間、北米ではなじみの深いテンマクケムシと同じ科に属する。

巨人とテンマクケムシのふたつのグループでは、シルクの使い道はそれぞれ独特だ。オオカイコガの幼虫はシルクを使って繭を作るが、そのときに葉っぱを一緒に巻き込むことがよくある。一方、メキシコでシルク生産に利用されていたテンマクケムシは原始的な社会性昆虫――「亜社会性」――で、大きな集団を作って暮らし、シルクで共同のシェルター（テント）をこしらえる。このテントは北米のテンマクケムシが作るテントとよく似ていて、地方の道端などで、野生の桜の股に引っかかった真っ白で巨大な逆ピラミッドは、わたしたちもよく見かける光景だ。ごくわずかな例外を除いて、葉入りの繭を作る蛾もテントを作る蛾も、人の手では育てられない。そのシルクは野生のものを採集してくるだけだ。

蝶や蛾の亜社会性イモムシの作る共同テントのシルクは、当然ながらそのままでは巻きとれない。そこでメキシコ産テンマクケムシのシルクは、巣からつまんできた後、糸に紡いでいく。一メートル近い長さのシルクがとれることもあるが、ほとんどはその半分の長さだ。メキシコがスペインのコンキスタドールに征服される何世紀も前から、オアハカ州のアステカ人やミクステク人、ザポテク人などがテンマクケムシのシルクを利用していた。モンテスマ二世がコンキスタドールに廃位されるまでアステカを統治していた時代（一五〇二―一五一九年）、テンマクケムシのシルクはおそらく「交易品」であったろうとペイグラーは見ている。メキシコの各地に棲息する非常に珍しい蝶（第6章で詳しく紹介する）は、幼虫がシルクを作る野生で唯一の蝶だ。この仲間の幼虫は、集まってきわめて密なシルクの巣を作るので、古代メキシコ人はこれを紙のかわりに使い、ザポテクでは実に一九五〇年代まで、「採集され、加工されていた」とペイグラーは報告している。

友人のムロガ・ヨウコ（第1章で紹介した女性）が教えてくれたことだが、かつて日本では、ミノムシと呼ばれる幼虫の繭玉で、小さな袋や帯が作られていたそうだ。わたしたちも、日本のものによく似た繭玉が、ブルースプルースなど針葉樹の枝にぶら下がっているのを見ることがある。この繭玉は五センチほどの長さで、たいていは樹木の葉屑がくっついている。夏には、食欲旺盛な草食幼虫の動く棲みかになっていて、頭と肢だけを繭玉から突き出している。メスが作る繭玉はオスのものより大きくて、冬になると何百という卵の入れ物になり、シルクで枝からぶら下がる。日本では、その繭玉を集めて葉屑を取り除き、切り開いて水につけ、柔らかくなったところで平らにのばして乾かしたものを縫い合わせるのだそうだ。

アジアに棲むオオカイコガは、桑を食べるカイコガとよく似た繭を作る。秋に作られるこの繭は一本の長い繊維でできた殻で、春、蛾になった彼らが出てこられるような出口も扉もない。では、ヤママユガやカイコガは、自分を閉じ込めている繭からどうやって脱出するのだろうか。フォティス・カファトスとキャロル・ウィリアムズのふたりが、外に出る準備のできた蛾は繭の先端を強力な酵素で浸し、それがシルク繊維を接着させているセリシンを「分解」して、酵素づけになった部分が柔らかくなることを突き止めた。ポール・タスケスらによると、その後、蛾は翅の「肩」のところについている角のような突起物でシルクを破って繭に大きな穴を開ける。ヤママユガの蛹を殺して脱出口を作らせず、繭を湯に浸してセリシンを溶かしてしまえば、ヤママユガの繭からも蚕と同じように、長いひと続きのシルク繊維を得ることができる。

そのほか、シンジュサンやアジアのエリサン、それに北米のセクロピアサンといった大型のカイコガの幼虫は、さらに複雑な繭を作る。この繭は壁が二重で、一方の端に蛾の脱出口がついている。わたしと研究仲間の観察したところでは、たとえばセクロピアガの幼虫は、まず外側の壁から作りはじめる（これが繭の総重量の五三パーセント）。外壁は緊密に編み込まれて頑丈で、端から端まで枝や小枝、その他の物質に密着している。次にしっかりとした内側の壁（総重量の四二パーセント）が作られ、ふわふわしたシルクの繊維（これが総重量のおよそ五パーセント）で外壁につながれる。内壁にも、外側に円錐形に突き出したシルク繊維の緊急脱出口が設けられている。繭から出ようとする蛾はこの突起を押し分けて出ることができるが、ロブスター漁の仕掛けとちょうど逆の原理で、この突起が外からの侵入を防いでいるわけだ。シンジュサンやプロメテアガの繭についても後で述べるが、同じような仕組みで、ただシルク繊維で枝からぶら下がっている点が違っている。脱出口のある繭は、シルク繊維をそのまま巻き取ることはできない。房糸を引き抜いて、綿と同じように紡がなければならない。

「野生のカイコガでもっとも美しいのは」とペイグラーは記している。「おそらくアイランサスシルク・モス、俗名シンジュサンだ。……この蛾は中国原産で、かの地では何世紀にもわたって、繭が布地を作るのに用いられ、ファガラ絹などと呼ばれた。現在でも細々と生産が続けられている」

シンジュサンの幼虫はたいていの木の葉を不承不承口にするが、神樹ことアイランサス・アルティッシマ（ニワウルシ）以外では、成長はほとんど望めない。

エドワード・ノーランの報告によると、シンジュサンがアメリカ合衆国に導入されたのは一八六一年が最初で、フランスでシンジュサンのシルク生産力の将来性がさかんに喧伝されていたのに触発されてのことだった。幼虫がフィラデルフィアのアイランサスの木立ちに放たれると、シンジュサンは、自生しているもの、人が植えたものを問わず、街中のアイランサスの木々で瞬く間に増えていった。シルク産業に食指を動かした起業家たちがシンジュサンをほかの都市にも持ち出し、産業としては根付かなかったものの、一八〇〇年代の終わり頃にはアメリカ合衆国の北部の多くの街で、シンジュサンは野生化し、着実に根を下ろした。

シンジュサンが野生化する下地が作られたのは一八二〇年、アジア原産のアイランサスがニューヨーク州ロング・アイランドに植樹されたことだったと、アーサー・エマーソンとクラレンス・ウィードはいう。アイランサスは現在、アメリカ本土のほぼ全域に見られる。ケネス・フランクによると、「アイランサスの分布はほぼ都市部に限られるものの、都心部、近郊のどちらでもよく育ち、時には田園地帯でも見かける」。都心部では、ほかの木々があまり育たない場所、フランクのいう「育ちにくそうな産業地帯」で旺盛に繁殖し、「今日のフィラデルフィアでは、都市部に特有のパターンで繁茂している。街中の地下孔にはびこり、舗道の鉄格子の間から顔を出す。駐車場の縁や古い建物の壁のひび割れからも芽を出す」と彼は書いている。

わたしが野生のシンジュサンを見たのは一度だけ、コネティカット州ブリッジポートでだった。一九四二年の冬、崩れかけたビルと鉄道の土堤《どてい》に挟まれた陰気な小道を歩いていたとき、何やら奇妙なものが視界の端をかすめた。近づいてよく見ると、それは淡い――ほとんど白といってもいいくらいの――ベージュ色の繭の塊で、アイランサスの枝から六〇センチ近い細い梗節《こうせつ》でぶら下がっていた。次の春、翅を広げると一〇センチあまりになる蛾が、持ち帰った繭から現れた。フランク・ルッツの『昆虫図鑑』によると、それがシンジュサンだった。だがルッツの図鑑にも、その後何年も漁ってみた本にも、六〇センチもの長さの梗節《こうせつ》については触れられていなかった。それがつい数週間前、ヘンリー・マクックが一八八六年に発表した『古い農場の間借り人（Tenants of an Old Farm）』に、長い梗節でぶら下がっているシンジュサンの繭の挿絵があるのを見つけた。

だが、梗節がなぜそんなに長いのだろう。ジム・スターンバーグとわたしは、別の種類の大型のカイコガを観察し、その答えを得た。プロメテアガの繭は、冬、ほんの二センチほどのしなやかな梗節で桜やササフラスの細い枝にぶら下がっている。葉にくるまって繭で体を包む前に、幼虫はその葉の二センチほどの葉柄を絹糸でくるみ、自分がぶら下がろうとしている枝に縛りつけて葉を枝に固定する。このようにして、繭と繭に守られる蛹は秋に木々から葉が落ちるときにも、地面に落ちて腹ぺこネズミの餌食にならずに済むのだ。また蛹は鳥からも守られる。ぶらぶらしている繭は、鳥がくちばしでつついても、揺れるばかりで穴を開けられないからだ。

シンジュサンも、無防備な蛹になって繭の中にいる冬の間、同様の作戦でわが身を守る。だがプロメテアガが宿を借りる木々とアイランサスとでは葉のつき方が違っていて、シンジュサンの作業のほうがずっと厄介だ。桜やササフラスの葉は単葉で、短い葉柄で一枚きりの葉身が枝に直接つながっている。ところがアイランサスは複葉で、葉軸は長ければ九〇センチにもなり、その両側に小葉が何枚も並んでいる。秋、アイランサスは小葉をすべて散らす。繭を紡ぐ前に、シンジュサンの幼虫はプロメテアサンのようにたった一枚だけの葉ではなく、何枚もある小葉のうちの一枚で身を包む。そして、その葉がついている葉柄が枝から落ちないようにするために、シンジュサンは長い葉軸全体をシルクで包んで枝につなぎとめないとならないのだ。ただ話はこれだけでは終わらない。アメリカでは、シンジュサンは現在一年にひと世代しか生まれないが、元来は二世代だった。その頃の第一世代は見上げた倹約精神で、ひと冬を繭で越さなければならない第二世代のような長い梗節は作らなかった。第一世代はプロメテアガと同じくらいの短い梗節で小葉を葉軸につなぎとめるわけだ。成虫は夏の終わりに繭から出てくるので、葉柄がその前に枝から振り落とされることはない。シンジュサンの繭が短い梗節でぶら下がっているというような記述や図版があるのは、きっと第一世代の夏の繭を観察したものに基づいているからで、こうした光景はアメリカ合衆国にはもはや存在しない。

❈

繊維が紡がれて糸になり、織り上げられて布地になると——綿や毛、その他どんな材料で作られた布でも同じことだが——、今度は染められる番だ。一九世紀も終わり近く、合成染料ができるまでは、染料といえば天然染料で、植物や昆虫、時には貝までがその原料となった。だが赤の染料としてもっとも質が良く、特に珍重されたものは、サボテンを食べる小さなカイガラムシからしかとれなかった。この昆虫——コチニールカイガラムシを次章で紹介することとしよう。

第3章

カイガラムシと赤い染料

美しい染料のもと、カイガラムシ

一五一九年、黄金を奪い取ってやろうと侵入したエルナン・コルテス率いるスペインの侵略者たちが、アステカの首都テノチティトラン（現メキシコ・シティ）でモンテスマらアステカ王朝の宮廷人たちと対面したとき、アステカの人々は、鮮やかな赤に染めた典礼服で正装していた。当時スペイン人たちは、その美しい染料のもとがコチニールカイガラムシ（cochineal、スペインの古語でワラジムシを意味する cochinilla から）という虫であることも、その染料がその後三世紀以上にわたって、赤染料の中でももっとも高価なものとなることも知らなかった。一説によれば――その説というのも真偽は疑わしいが――、染料の原料となる虫をはじめて見たとき、スペイン人はそれがなんだかわからなかったという。押収されたモンテスマへの献上品の中には、スペイン人垂涎の的であった金銀のほかに、乾燥した小さな虫を詰めた小袋があった。最初スペイン人は自分たちにもなじみの深いシラミだと思い、到底値がつけられるものとは考えなかった。没収した献上品について記したトルケマダ（悪名高き異端審問官のドミニコ会修道士トマス・デ・トルケマダとは別人）の記述を、フランク・コーワンの訳を借りて読んでみよう。

モンテスマがスペイン人たちに囚われていた間……ある日アロンソ・デ・オジェダが見出したのは……口を結んだいくつもの小さな袋だった。そのひとつを開き、袋の口までいっぱいにシラミが詰め込んであるのを見つけたときの彼の驚きやいかばかりか。オジェダはおのが発見におおいに驚き、すぐさま見たものをコルテスに伝えていわく……アステカ人たちはかくも義理堅く、王に捧げ物をしなければと思うあまり、王に捧げる何ものも持たない貧民は毎日自らの体を浄《きよ》め、捕まえたシラミをすべて貯めおき、充分な量になったところで袋につめて王の足元に差し出した、と。

ドナルド・ブランドによると、「スペインに征服される前のメキシコでは、コチニールの染料は貴重品だった。『マトリキュラ・デ・トリブトス（Matricula de Tributos）』や『コデックス　メンデュチーノ（Codex Menducino）』などに、ノチェストリ（コチニール）の塊が（アステカへの）献上品として計上されていることからそれがわかる。オアハカ、プエブラ、ゲレロなど、三〇あまりの集落が、袋詰めにしたノチェストリを献上品として数多く捧げた」という。コンキスタドールやその後に続いたスペイン人たちもほどなく彼らに倣い、メキシコの市場に並ぶ布地の色の多彩さを熱っぽく語っている。

「ありとあらゆる色の綿布が並び、あたかもグラナダの絹織物市場にいるかのようだ」

アステカの素晴らしい赤にいたく感銘したスペイン人たちがコチニールの特質と価値を調べ上げるのに時間はかからなかった。その色合いの豊かさと美しさは、当時知られていた赤い染料のどれをとってもかなわないものだった。スペインに戻る船に託されたコチニールの荷は、一五二三年には本国に届き、やがて新世界の総督たち、とりわけコルテスは「生産できる染料の量と将来性について把握するよう命じられた」。乾燥したコチニールカイガラムシの重量あたりの価格は、稀少金属に次ぐほどの高値になった。一五〇〇年代はじめから一八〇〇年代末の三〇〇年以上の間一貫して、コチニールは赤の染料の中で一番の人気を誇り、もっとも尊ばれた。この時期に生産されたコチニールの価格が、スペイン

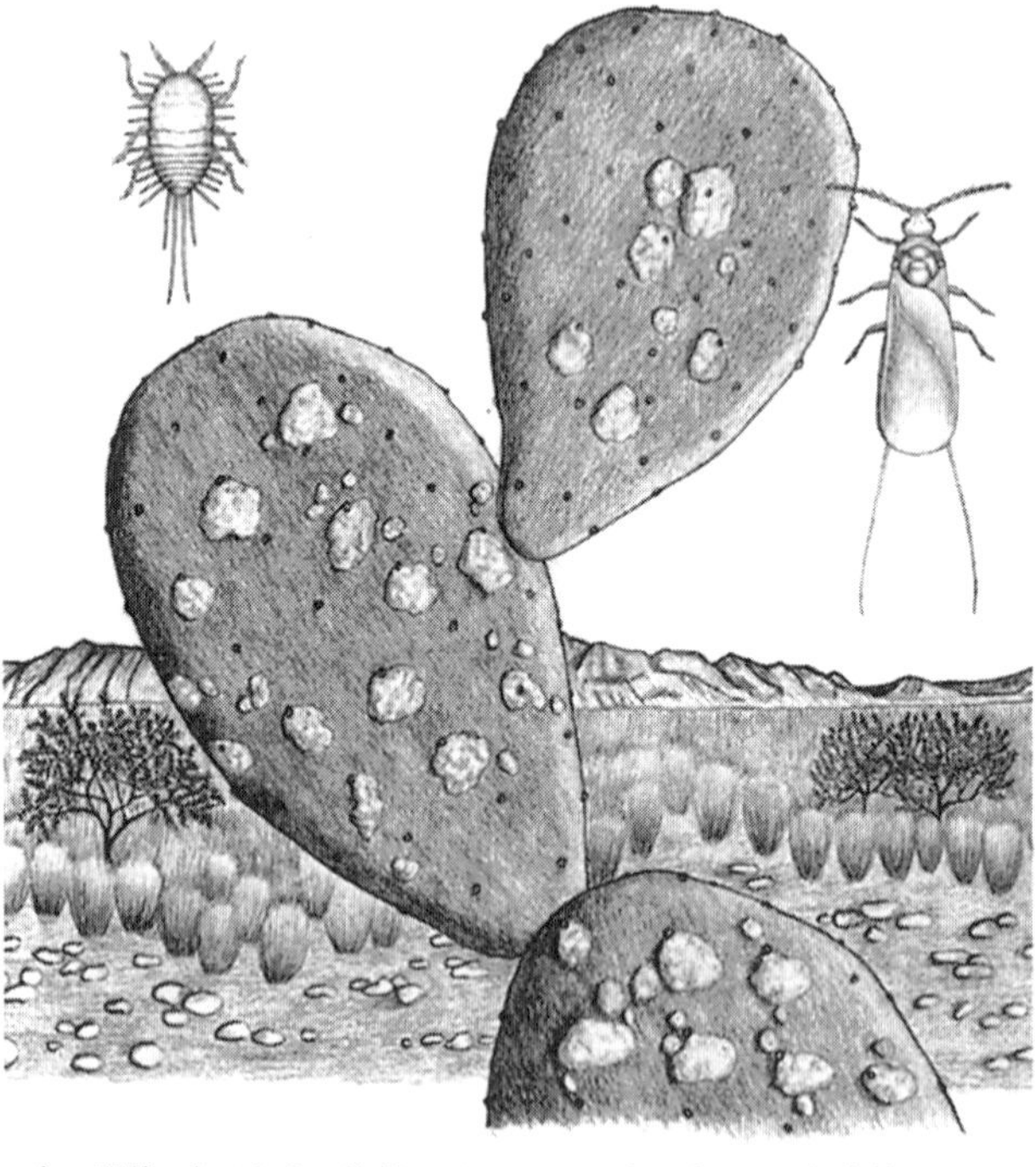

白い蝋質の糸でウチワサボテンについているコチニールカイガラムシ。
左は孵化したばかりの幼虫、右は翅の生えたオスの成虫

人が新世界の人々から奪った金銀の総額を上回るといわれても、わたしは驚かない。

赤という色は、人間にも他の動物にも強い影響力がある。まず注意を引く。自然界では、刺す虫や毒のある虫は、目立つ色をまとって自分が有害であることを鳥に警告し、身を守るが、その色としては赤や、テントウムシの例のように赤と黒の組み合わせである場合が多い。道路で見かける赤色の信号や標識は、危険を知らせている。海上での嵐の警告旗は、中央に黒い四角の入った赤だ。だが、赤が誘惑の色になる場合もある。植物で赤い実をつけるものはたくさんある。それが鳥を引きつけ、実が食べられた後に、固くて消化できない種を時には何キロも離れた場所まで運んでもらえる。人間の場合がどうかといえば、コチニールに関して幅広い観点から省察した論文で、R・A・ドンキンの言葉を借りれば、「ほぼ普遍的に、火の色であり、太陽の色であり、血の色（したがって生命の色）である赤には、抜きん出た重要性があり、寛大、剛毅、威厳、権力などを象徴している」。

国家機密のコチニール染料

コチニールカイガラムシは、ジョン・ヘンリー・コムストックが教えてくれているように、樹液を吸うカイガラムシの一種で、後に紹介するグラウンド・パール（ワタフキカイガラムシの一種）同様、同じ科のほかのカイガラムシのような硬い殻で武装してはいない。ただ、メスは白い蝋質の繊維を分泌して卵塊を覆う。鮮やかな赤色で翅のないメスの成虫は、カイガラムシにしては大きく、体長はおよそ五、六ミリになり、肢は弱くて這うのもやっとだ。メスは性誘引フェロモンである匂いを発して、翅のあるオスを遠くから引きつける（コチニールカイガラムシのオスの成虫は、カイガラムシの仲間の中で唯一翅がある）。交尾の後、メスは大きな卵塊を産み、蝋質の白い糸で覆った後、息絶える。卵から孵ったばかりの幼虫は健脚で、非常によく動く。メスが生涯で少しばかり長い距離を移動するのは、一生がはじまったばかりのこの時期だけだ。蚕と同じで、コチニールカイガラムシも食にうるさく、特定の種のウチワサボテンにしかつかず、それしか食べない。

コチニールカイガラムシには野生種もいくつかあるが、商業的に飼育される養殖種のほうが、いい染料になる。チャールズ・ホーグによると、コチニールカイガラムシの飼育と採取の技術は中央メキシコのアステカでもっとも発展し、スペインによる征服の後も長く彼らの手で続けられたという。スペインはほぼ二五〇年間——一八世紀の終わり近くまで、コチニールを独占した。この時期コチニールはメキシコとグァテマラを中心に、新世界でだけしか生産されていなかった。スペインはコチニール染料の出所を「国家機密」とし、それが植物由来の染料だという噂を否定する努力もしなかった。むしろそうした噂を率先して流した節もある。カナダの都市ケベックの礎を築いたフランスの探検家サミュエル・ド・シャンプランが、一六〇二年にコチニール染料の原料なるものを報告している。シャンプランの記述は徹頭徹尾彼の想像の産物だった。ドンキンの引用でシャンプランの描いたコチニールの絵とその解説を見てみると、コチニールは「胡桃《くるみ》大の実をつけるよく茂った低木で、実の中には種がいっぱいに詰まっている。この実を、種が乾燥するまで放置し、割って叩いて種を取り出し、さらなる収穫を得るためにこれを植える」ということになっていた。

中南米では野生のコチニールカイガラムシも棲息しているが、商業的に飼育されている品種は、労を厭わない人間の世話がなければおそらく生育しないだろう。コチニールカイガラムシを育てる第一歩は、充分なウチワサボテン農園を作ることだ。だがウチワサボテンの仲間は多く、コチニールカイガラムシは宿主について気難しいので、特定の一種だけを植えなければならない。サボテンの栽培にも細心の注意が必要だ。肥料をやり、雑草をとり、サボテンを食べるほかの虫から守り、コチニールを世話して収穫する労働者が働きやすいよう、一メートル二〇センチ程度の高さより大きくしないよう、気を配らなければならない。

当初、サボテン農園はすべて小規模の「先住民小作地」だった。しかし一八世紀には六万株を超える大規模農園もできてきていた。小規模農園でのコチニールカイガラムシ飼育法について、T・L・フィプソンの記述を見てみよう。

貧しい先住民は……山の斜面、谷合いなど、集落から一〇キロほど離れた場所を開いてサボテン農園を作り、適切に管理されればひとつの株で三年間は昆虫を飼育し続けることができる。春になると、農園の持ち主は、新たな繁殖用に……孵ったばかりの小さなコチニールカイガラムシがついた枝を数本購入する。この幼虫をセミージャ（種）と呼ぶ。枝は一〇〇本あたりおよそ三フランほどで、二〇日間小屋の中に置かれ、その後屋根のある戸外で外気にあてられ、枝がどの程度水分を含んでいるかによるが、数カ月はそのまま生き続ける。八月と九月には、卵を抱えて腹が膨らんだメスが集められ、繁殖のためサボテンにまかれる。四カ月ほどで最初の収穫が得られ、その後一年の間に収益になる収穫はあと二回期待できる。

ドンキンは、これとは別の、もっと進んだ飼育法を紹介しているが、いずれにしてもコチニールカイガラムシを育てるのは骨の折れる細かい手仕事だ。サボテンに「種をまく」、つまりコチニールカイガラムシをたからせるのが第一歩だ。妊娠しているメスを一〇匹から二五匹ひとまとめにして、スペイン苔などの植物性繊維でできた保護「巣」に入れる。袋が使われる場合もあったが、これは後年カナリア諸島や地中海西岸のコチニール農家が編み出した方法だ。この巣をサボテンに取りつけるとメスは産卵し、そこから孵った小さな幼虫が、巣から這い出し周辺部分に広がって樹液を吸う口吻をサボテンの組織に突き刺す。樹液を吸い続けて大人になるまで、後はすっかり動かなくなるのだった。

染料に使われるのは、妊娠したメスだけだった。産卵する前に、刺針や先をとがらせた小枝、小さな刷毛《はけ》などを使って、メスは一匹ずつていねいにサボテンからはがされる。もちろん、次の収穫のための繁殖用のメスは充分な数だけ残された。採取されたコチニールカイガラムシは殺され、天日で乾燥されれば最高の染料になるし、高温の室内やオーブンなどで人工的に乾燥されたものは、質はやや劣るが、早く製品になった。天日干しなら一週間以上かかるところが、数時間で乾くのだ。コチニールカイガラムシは乾燥した状態でヨーロッパの市場に出荷されたが、地元で染料に加工されることもあった。

スペイン人が来る前のメキシコでは、アステカ王朝が属州に供出させていた献上物の中に、毎年、乾燥重量にして四トン以上ものコチニールカイガラムシが含まれていた。だが、旧大陸が求めたコチニールの量はそれどころではなかった。スペインがコチニールを独占していた二五〇年の間、メキシコとグアテマラで飼育されたコチニールカイガラムシは、スペインとその植民地であるフィリピンに大量に出荷されていた。コチニール染料の大半は、そこを拠点に諸外国に売却された。ドンキンによると、一六六〇年には一〇七トンあまりが輸出されている。だが一八世紀にはその量はさらに膨らんだ。一七三六年で三九七トン、一七六〇年から一七七二年にかけては、毎年二一五・五トンから三六三トンの間を推移した。三隻からなるスペインの商船団が一七七六年にルイジアナ沖で沈没したが、ゲイリー・ロスは積み荷に二七〇トンあまりのコチニールが含まれていたと考えている。コチニールカイガラムシを乾燥させると、一ポンド（約〇・四五キロ）にするのに七万匹あまり必要だ。つまり沈没したスペインの商船は、実に四二〇億匹の乾燥コチニールカイガラムシを運んでいたことになる。ちっぽけな生き物をこれほどたくさん育てる苦労を想像してみてほしい。コチニール染料がかつて、そしていまも高価なのも無理はない。

スペインの独占状態は一七七七年に終わりを迎えた。ある博物学者が秘密裏にメキシコ入りし、オアハカまでなんと徒歩で到達してコチニールカイガラムシのついたサボテンの葉を盗み出したのだ。フィプソンがこの画期的事件について記している。「フランスの博物学者、ティエリー・ド・メノンヴィルは、自らの身を大変な危険にさらしながらメキシコにおけるコチニールカイガラムシの飼育の状況を観察し、研究した。それというのも、コチニールの養殖で植民地サント・ドミンゴを豊かにするためだった。ド・メノンヴィルはサント・ドミンゴに、二種類のコチニール（野生種と飼育種）と……コチニールがついているサボテンとをもたらした」

養殖の秘密がいったん明らかになると、瞬く間にはるか離れた土地まで広がった。最初はニカラグア、コロンビア、エクアドル、ペルー、ブラジルといった西半球の国々、その後に旧世界のアルジェリアやインド、ポルトガル本国やアフリカ北西岸沖のカナリア諸島などなど。フィプソンはカナリア諸島のテネリフェ島で、一九世紀のはじめにコチニールの養殖が定着した経緯を以下のように書いている。

テネリフェは三世紀の間、島をあげてのブドウ産地だった。そのためある紳士がホンジュラスからサボテンとコチニールカイガラムシを導入しようとしたときには変人とみなされ、彼のプランテーションはしばしば夜討ちにあった。ところが一度ブドウの病気が発生すると……テネリフェはワインを求める商船に積み荷を提供することがかなわず、次第に見放されていく。そして飢餓の危機が目の前に差し迫ったとき、島の住民たちはコチニールカイガラムシの飼育に移っていったのだった。島中どこであれ、目につくサボテンにはすかさずコチニールカイガラムシが植えつけられた。この試みは見事なまでに成功した。乾燥しきった土地一エーカー（約四〇〇〇平方メートル）に植えたサボテンから三〇〇ポンド（約一三六キロ）、うまくすれば五〇〇ポンド（約二二七キロ）のコチニールカイガラムシがとれ、ひとりあたり七五ポンドの収入になった。これほど大きな単位あたりの収穫は、それまでになかったことだった。

コチニール染料――依然としてもっとも美しくて質のいい赤の染料だった――の需要は一向に衰えることなく、これに追いつくためにコチニールの生産業は急成長した。一八五八年当時、世界一の生産量を誇っていたのはグァテマラで、一年間で九〇〇トン以上を輸出した。だが一八六一年にはコチニール生産の中心は旧世界へと遷移していく。この年、カナリア諸島だけでその輸出量は九五〇トンあまりに達した。

一八世紀の後半、ウチワサボテンとコチニールカイガラムシがオーストラリアに持ち込まれた。一大コチニール生産地を作ろうという目論見だった。その構想は実現しないままついえたが、ウチワサボテンは根付いた。園芸種として庭に植えられたものが、人の手を借りなくてもどんどん繁殖し、広がっていった。一九〇〇年には一万六〇〇〇平方マイル（約四万九六〇平方キロ）、つまりニュージャージー州の面積の二倍ほどの牧草地がウチワサボテンに侵食され、さらに一九二五年までにはニュージャージー州の実に一二倍にあたる面積の土地を覆いつくして、さらに広がる勢いだった。侵食された土地は事実上使いものにならなくなり、しかもその半分は、棘だらけの植物が密生して、人間も牛も羊もカンガルーも、文字通り足を踏み入れることさえできなくなっていた。ウチワサボテンの原産国、西半球では、これほどの異常繁殖はつとに見られなかった。最終的にオーストラリアの昆虫学者たちは、ポール・デバックが指摘しているように、ウチワサボテンの異常繁殖は、西半球でサボテンにつく虫がオーストラリアにはいないからだと結論づけた。そこで、サボテンを餌とする昆虫が新世界の各地から移入された。中にはコチニールカイガラムシの仲間も含まれていたが、効果絶大だったのは南米から移入されたサボテンガ（メイガの一種）なるうってつけの名前のついた蛾の幼虫だった。一九三七年には、サボテンの最後の密生地もサボテンガの幼虫が、ほんの小さな群落にまで食い滅ぼしてしまった。今もオーストラリアのウチワサボテンは、主にサボテンガが手綱をしめ続けているおかげで、ところどころに点在するだけになっている。そして牛も羊もカンガルーも、かつては荒れ野でしかなかった土地で、いまはのんびり草を食《は》んでいる。

赤い染料

ゲイリー・ロスの報告によると、一九八六年というごく最近でも、オアハカ州テオティトラン・デル・バレ村の染と織の名人は、スペインによる征服以前からの伝来の方法で、祖先と同じようにコチニール染料を作っていた。名人はザポテク人でイサーク・バスケスという。染料を作るため、バスケスはまずテジュテ（tejute）の木の葉を乾燥させたものを砕いて、湯を沸かしている鍋に入れる。葉は色を強めるのと、おそらくは媒染剤の役割をしているのではないかとロスは見ている。それはテジュテが近縁の植物同様、媒染剤として使われるシュウ酸を含んでいるからだ（媒染剤は染料と結合して水に溶けない化合物を作り、染料を布地に定着させる）。これと並行して、バスケスの妻マリアが、乾燥させたコチニールカイガラムシをメタテという石臼で挽いて細かい粉末にする。次に、粉にしたコチニールカイガラムシと八〇個ほどのライムの搾り汁を鍋に加える。「ザポテク人がライムを使うようになったのは、赤の色を際立たせるのに欠かせないからなのだが、一六世紀以降の新しいやり方だ」とロスは報告している。バスケスは、スペイン人が新世界にライムを持ち込む前、先祖たちが何の酸を使っていたか突き止めようとしてきたが、果たせていない。「謎は、失ってしまった世界にとどまっている」と彼は言う。最後に、マリアが手で紡いで水に浸しておいた羊毛のかせを煮え立っている鍋に入れ、しっかりかきまぜれば作業は完了だ。

「ほどなくわたしは了解した」とロスは書いている。「イサーク・バスケスが世界的に名人と目されている理由を」。羊毛の染め上がりにはさまざまな要因が絡む。もとの羊毛も、白から黒に近いものまで色はばらばらだし、つけ込む時間、使用するコチニール粉末の量、染料に加えるライムの量と種類（乾燥したものか生か、など）といった多くの要素が染め上がりの色を左右する。こうした要素を操ることで、バスケスは赤といっても数え切れないほど多くの色合いを作り出すことができた。「ただし、実際の手順は記録に残されていないので、経験と感覚だけでイサークは、天然の微妙な色合いの違いを操れるようになったのだ」

バスケスは自分が染めた羊毛を存分に活用している。彼は織りの達人でもあり、天然色素で染めた羊毛だけを使って織り上げた彼のタペストリーは世界中から引っ張りだこだ。大きなものになると織り上げるのに一年近くを要する。バスケスは自信を持って、コチニールの染料は合成染料とは違って半永久的に色が保たれ、光を浴びても洗っても、ほとんど褪せることがないと言う。その言葉を実証するためバスケスはロスに三〇〇年前のスカートを見せたが、それは、「洗剤を使ってこすられ、岩に打ち付けて洗われ、南国の強い日差しに繰り返しさらされてきたはずなのに」染め上げたばかりのように鮮やかな赤を保っていたという。

マイクル・コスタラブによると、スペイン人が新世界の先住民からコチニールを教わるまでは、旧世界の三種の昆虫が赤い染料の大事な供給源だった。もっとも広く使われたのはタマカイガラムシで、地中海東部沿岸や中東の西部に生える常緑の樫を主食にする虫だ。フィプソンがタマカイガラムシという名前について、素敵な語源考察をしている。

カーミンタマカイガラムシ（*Coccus ilicis*）は、かなり古くから布地に緋色をもたらすために用いられてきた。この虫はフェニキア人にはTola、ギリシャ人にはKokkos、アラブとペルシャではKermeあるいはAlkerme（Alはalkali＝アルカリ、alchemy＝錬金術、algebra＝代数などに見られるアラビア語の定冠詞）の名で呼ばれていた。中世時代はvermiculatumすなわち「小さな蠕虫《ぜんちゅう》」の名を奉られた。この虫が蠕虫から生まれると考えられていたためだ。こうした呼称から、ラテン語のcoccincus、フランス語のcramoisi（深紅色）とvermeil（鮮紅色）、さらにはわれらが英語のcrimson（深紅色）とvermillion（朱色）の各語が派生した。

（余談だが、妻となる女性の家族とはじめて対面したとき、昆虫学者〔entomologist〕になろうとしているを勘違いされて、語源学者〔etymologist〕でどうやって食べていくつもりなのか問いただされたことを思い出す。）

いわゆるポーランド・コチニール、またの名を「ポーランドの深紅の粉」は、変わり種のカイガラムシで、宿主植物の根につく。宿主はポーランド語ではknawelといい、北米のヤエムグラなどと同じアカネ科の植物だ。ポーランド・コチニールを収穫するのは労力のいる作業で、というのも、まず植物を抜いて、収穫したらまた植え戻さなければならないからだ。一八六四年、その頃すでにポーランド・コチニールはほぼメキシコ産コチニールにとってかわられてはいたものの、「トルコやアルメニアの人々が羊毛や絹、髪の毛を染めるのにまだ使っており、とりわけトルコの女性が爪を染めるのに愛用していた」とフィプソンは記している。

カイガラムシの中には、ラックカイガラムシといって、何世紀にもわたってワニスの原料セラックとなり、封蝋の材料としても知られてきた虫があるが（この詳細は第5章で）、この分泌物も赤い染料になり、とりわけ絹と相性が良くて、そのために中国では古くから関心を集めていた。ラックカイガラムシのコロニーは、インド周辺諸国に生えるさまざまな樹木の枝につく。メスが松やにのような堅い物質、ラックを何層も分泌して枝を覆い、コロニーを守る。ラックの染料はいまではほとんど使われず、セラックもほぼ合成品にとってかわられた。

アレッポ・ゴールは東欧や西アジアのオークの木に小型の蜂がこしらえる虫こぶで、鉄分と混ぜると漆黒の染料となる。機が満ちて虫が脱出する前の虫こぶが――マーガレット・フェイガンが指摘するように――「もっとも価値が高く、黒を染めるのに用いられた」。

染色技術の歴史において、アレッポ・ゴールは非常に初期の文献からごく最近のものまで、大きく取り上げられる材料である。テオフラストゥスによると、ギリシャでは羊毛や毛織物を染めるのに用いられており、またプリニウスは、髪を黒く染めるのに使われるほか、皮の加工や皮革の染色にもっとも適していると述べている。古代の人々は学者が工芸に関心を持つとは思ってもいなかったため、虫こぶが具体的にどのように染料として使われたのかについての記述はなく、ただそのような用途で使われた、と述べられているにとどまる。この虫こぶに関する確たる知識が求められるようになるのは、ようやく一八世紀も終わりに近づいた頃であった。

と、フェイガンは書いている。

アレッポ・ゴールはトルコ・ゴールともいわれるが、タンニンの含有量が非常に高いところに特徴があり、六五パーセントになる。タンニンこそ黒い染料のもとで、第6章で紹介するように最良の筆記用インクになる。

コチニール生産の現在

一八五六年に最初の合成染料が開発され——その後さまざまな合成物質が次々に生まれるわけだが——コチニールをはじめ天然染料の需要は世界中で急速に冷え込んだ。一八七五年までに、コチニール農園はどんどん放棄され、かつてコチニールの生産で栄えた地域は、貧困と苦難に覆われた。チェスター・ジョーンズによれば、一八八三年までにグァテマラのコチニール輸出量は最盛期だった一八五八年の一〇〇万ポンド（約四五万三六〇〇キロ）から一万八〇〇〇ポンド（八〇〇〇キロ）あまりに落ち込み、さらに一八八四年にはわずか八一二ポンド（約三七〇キロ）になった。一八八七年までには、コチニールの価格は救いようのないまでに下落して最高値の一〇分の一になり、生産コストをまかなうのがやっとになっていた。

それでもコチニールの生産は細々と続けられている。現在でもペルーとカナリア諸島にはコチニール養殖が残り、取引上カーマイン・レッドと呼ばれる染料のもとになっている。天然色素を扱う企業、ラ・モンド社の共同設立者であるゲイブリエル・ラウロによると、コチニール色素は高価で稀少ではあるが、現在は主として食品や飲料、薬品の着色に利用されているという。こうした製品の生産者がコチニールのような天然色素を好むのは、一九九〇年に連邦食品・医薬品・化粧品法が改正されたためだとラウロは説明している。

改正法では食品に栄養表示が義務づけられ、さらに製品の見栄えをよくするために添加される着色料も表示しなければならなくなった。合成着色料の一部には発癌性が見つかっているものもある。そのため消費者が合成着色料の使われている食品を敬遠する――そうするのが妥当な場合もある――ようになったのだ。ラウロはまた、「ラビはコチニールをコーシャ（ユダヤ教の法にのっとって適切に処理された食品）ではないと判断した」ともいっている。これは聖書に、バッタやイナゴ類以外の虫や這うものを食べるべからずとある禁忌（レヴィ記一一章二〇―二三節）に由来している。

布を染めるとき、昆虫の役目は染料の原料になることだけではない。バテックと呼ばれる模様をつける古い製法には、ミツバチが分泌する蜜蝋が使われる。蜜蝋で作るワックスクレヨンで布地に模様を描き、布のもとの色と対照的な染料の水溶液に浸す。蝋の塗ってある部分は脂肪分で染料をはじくが、塗られていない部分には染料が浸透する。湯で蝋を洗い流すと、布地のもとの色が染められた色との対比で模様になるわけだ。

昆虫は、わたしたちが身につける布地のもととなる絹や、それを染める色素をもたらしてくれるばかりではない。古来より昆虫やその産物は、さまざまにわたしたちの身を飾ってきた。繭、虫こぶ、翅、昆虫の全体標本、ひいては生きた虫までが、人の体を彩る装飾品となり、宝飾品のデザインにいまも使われていることを、次章で見てみることとしよう。

第4章

きらびやかな昆虫の宝石

生きた宝石となる昆虫

数年前、メキシコから帰る飛行機の中で、近くの席に座っていた身なりのいい中年女性の上着に、細い銀の鎖につながれた巨大な生きた甲虫がのそのそと這いずっているのを見て、わたしがどれほど驚いたことか、想像してみていただきたい。それはエジプトの有名なスカラベ（これについては第5章で）の大型の親戚らしく見えた。生きている昆虫をアクセサリーに用いるのは実のところ珍しいことではない、と『昆虫論評（Insect Appreciation）』でF・トム・ターピンが書いている。大型で固い甲虫は成虫になると餌を食べないため、「メキシコでは普通に採集され、鞘翅《さやばね》にラインストーンと華奢な鎖をはりつけられて……生きたブローチとなる」。生きた昆虫を土産に買った観光客が、家まで持ち帰って見せびらかせるチャンスはまずない。連邦法で、アメリカ合衆国内に生きた昆虫を許可なく持ち込むのは禁じられているからだ。しかもこの許可を得るのはきわめて難しく、専門の昆虫学者が研究を目的としていてもなかなかおりない。そのため、こうした生きている甲虫のブローチも、国境の検査であえなく没収されてしまうことになる。聖書にもあるように、「太陽のもとにさらに新しいものはない」（伝道の書一章九節）ので――ポール・ベックマンによると、一〇〇年以上も前、ヴィクトリア朝のイングランドでは、玉虫色に輝く「甲虫の宝石」を、華奢な金の鎖で衣服につけていたらしい。

わたしの知っている限りでは、生きた宝石として昆虫が使われた例は、ほかにふたつだけだ。一八一五年に刊行された『昆虫学入門（Introduction to Entomology）』で、ウィリアム・カービーとウィリアム・スペンスが発光する蛍を装飾品として使用する例を紹介している。

「インドでは、ムーア少佐とグリーン大尉から聞いたところでは、（婦人たちが）蛍を頼みとし、紗に包んで夜のそぞろ歩きの際に髪につける飾りとするそうだ」

金糸で刺繍が施された真っ赤な絹のサリーを優雅にまとった美しい女性たちが、艶やかな黒髪を照り輝く蛍で彩り、並木道を歩く姿が目に浮かぶようだ。

フランク・コーワンは、一八六五年に発表した『昆虫史の愉快な事実（Curious Facts in the History of Insects）』で、カリブ諸島では「ククジュ（蛍）を装飾とすることが女性たちの間で最新の流行となっている」と記している。

「舞踏会のドレス一着に、五〇から一〇〇匹の蛍が使われる。スチュアート大尉は、ご婦人の白い襟元に、少し離れたところからはまるで英国王室の王冠にきらめく一〇〇カラット以上のコヒノール・ダイヤモンドかと見まがうほど、見事なまでの美しさで輝く蛍が留まっているのを見たことがあると語ってくれた。蛍は体をピンで刺し貫かれてドレスに留めつけてあり、生きている間だけ飾られる。死ぬと光を発しなくなるからだ」

こんな残酷な流行はすぐに廃れたことを祈るばかりだ。

昆虫は当然ながら古くから、そしていまでも、宝飾品の型になっている。息をのむほど美しい甲虫のカラー挿画を満載したベックマンの本を見ると、次の章で取り上げるスカラベが、「一九世紀から二〇世紀にかけて、有名な宝石デザイナーによって、金や貴石、琺瑯《ほうろう》、ガラスで宝飾品に仕立てられてきた」ことがわかる。

「ルイス・C・ティファニーは変色ガラスのスカラベを生み出し、またカルティエにもエジプトの古いスカラベをかたどった宝飾品が多数ある。スカラベは現代人の心をもつかんで離さない抗いがたい魅力を放ち、いまでも身につけると幸運をもたらすと信じられている」

ヴィクトリア朝には、昆虫のブローチが婦人の装飾品として人気があったとR・W・ウィルキンソンは書いている。一九六九年にパーク・バーネット・ギャラリーがまとまった数のヴィクトリア朝宝飾品をオークションにかけたが、その中には昆虫型装飾品が複数含まれていたという。中には「動く」装飾品もあった。というのは、翅が——一見してわからないようにばねで留めつけられていて——ほんのわずかな体の動きに合わせて揺れ、羽ばたいているように見えるのだ。一八個の昆虫型装飾品のうち、一二個が蝶で二個が甲虫、トンボが二個に蜂が一個、残りの一個は厳密には昆虫ではないが、類似品として、クモだった。

ヴィクトリア朝で昆虫の装飾品の人気があったのは、おそらく、昆虫をはじめとする「自然の産品」に対する関心が広く一般の人々にも高まっていた風潮を反映したものだろう。当時は、それまで知られていなかった遠いジャングルや砂漠、サバンナなどの植物や昆虫、そのほかの生き物が、毎年のように何千と新たにもたらされる活気に満ちた時代で、チャールズ・ダーウィンの著作や、（ダーウィンとともに進化論を見出した）アルフレッド・ラッセル・ウォレス、ヘンリー・W・ベイツといった博物学者の探検家たちの本が競って読まれていた。アメリカでは多くの一般人が、博物学者や地質学者の講演を聞きに詰めかけた。特に有名だったのは、スイス生まれのハーバード大学教授ジャン・ルイス・アガシで、彼はヨーロッパのほぼ全域が氷河に覆われていた氷河期というものを最初に提唱した人物だ。

宝飾業の知り合いによると、宝飾品にも流行り廃りがあるということで、昆虫型の宝飾品も一時期流行しては人気に陰りがきて、また盛り返す。ターピンは高級品のカタログを渉猟《しょうりょう》して、昆虫、特に蝶

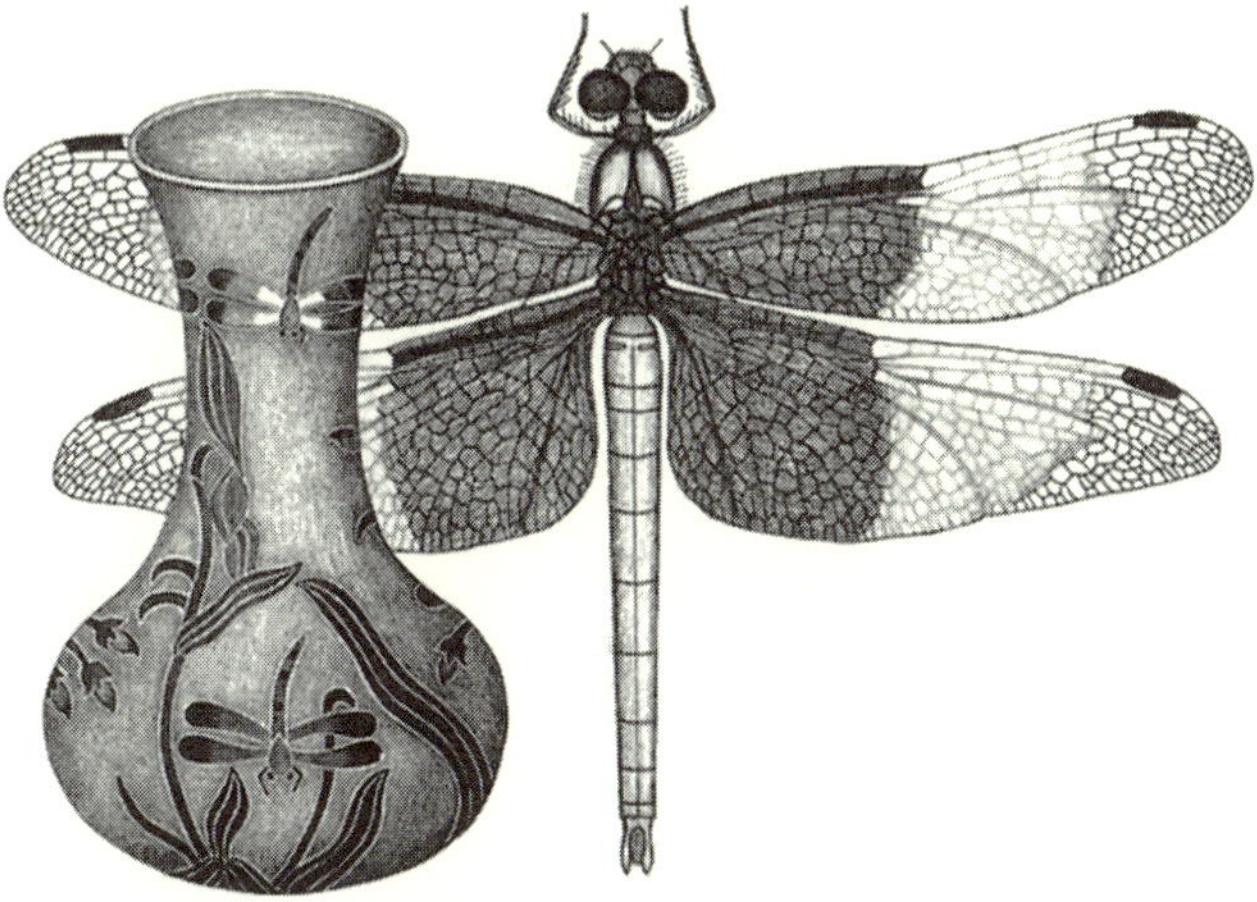

トンボを様式化した模様の、陶器の花瓶。模様のひとつは、
美しいヨツボシトンボの仲間をかたどったものと思われる

の形の宝飾品が最近再び人気を集めているようだという。わたしはなんでも実際に数を数えてみずにはいられない性分で、動物、特に昆虫が実際のところどのくらい装飾品として使われているのか、二号分のスミソニアンの販売カタログで調べてみた。意匠としてどこかに動物があしらわれている装飾品は二一八点あり、六一が鳥、六七は毛むくじゃらの哺乳類で、三六がそのほかのさして愛らしくはない四本足の動物だった。六本足の動物、つまり昆虫類もなかなか健闘していて全部で五四点あり、二八が蝶、一一がトンボでテントウムシが三点、ミツバチが一つにクモが一つだった。わたし自身、昆虫をかたどったアクセサリーを着けている女性を何人も見たことがある。蝶が多いが、トンボもかなりの人気で美しくて品がある。わたしの大の親友は翅が銀線細工で造られ、目にトルコ石のビーズをはめた大きな銀のトンボのピンブローチをしている。またある知人はナバホの美しい銀細工のトンボブローチをしていて、これも目はトルコ石だが、翅は象牙を彫ったものだ。

金細工と昆虫

コロンビアのボゴタに行くことがあったらぜひ訪れてほしいのが、素晴らしい黄金博物館だ。広い展示室のひとつには、前コロンビア時代の職人の手になる目もあやな金細工の宝飾品や装飾品が何百と並べられていて息をのむほどだ。展示品はコロンビアの湖の底から回収された品々で、統治者が即位する儀式で「供物」として沈められたものだ。残っていたのは幸運だ。金細工のほとんどは、副葬品として墓地におさめられていたものを除いて、貪欲な征服者たちが溶かしてスペインに送ってしまったからだ。

ではこの前コロンビア時代の金細工が昆虫とどう関係するのか、と疑問を持たれたことだろう。新世界の高度な技術を持った職人たちは金をかたどるのに蜜蝋を――旧世界のようなミツバチの蝋ではなく、新世界のハリナシバチの蝋を――使っていたのだ（蜜蝋をとる蜂については、第5章で紹介する）。金の鋳造は蝋型法《ろうがたほう》と呼ばれる技法で行われた。ハーバート・シュウォーツが、一六世紀にベルナルド・デ・サハグン神父がナワトル語（アステカの言語）でしたためた技法の解説を英語訳したものを紹介している。たとえば、装飾品のように小ぶりで厚みのあるものを鋳造するときは、蜜蝋で作った型を粘土にはめ込む。この粘土を窯《かま》で焼くと蝋は溶けて小さな穴から流れ出し、できた空洞に溶かした金を流し込むのだ。

コロンビア西部の先住民コファン族は、昆虫全体やその一部を首飾りや髪飾り、耳飾り、鼻栓などに用いると、オランダのライデンにある自然史博物館のD・C・ヘイスクは記している。昆虫蒐集家で「アメリカ先住民の民族誌学者」であるボリス・モルキンがヘイスクに送った写真では、コファン族の女性が飾りとして鼻に刺した羽根の矢柄にイトトンボの翅が混じっていた。翅は五センチほどの長さで、際立って繊細な網の目のような模様に細くて黒い筋が入り、先端に鮮やかな黄色の大きな斑点が入っている。斑点の内側は濃い茶色の部分に縁取られ、それが翅の付け根に向かって溶け込むように薄くなっていく。コファン族が特に魅力を感じるのは大きなキクイムシの五センチほどの金属質の鞘翅で、磨き上げた銅のような輝きがある（鞘翅というのは甲虫の「装甲板」ともいえる固くなった前翅で、甲虫類の多くの背中を包んでいる部分だ)。

ウォルター・リンゼンマイアーの言葉は、数多くの種を含むこの科(タマムシ)の甲虫——たとえばブロンズ・バーチ・ボアラーやエメラルド・アッシュ・ボアラーなど、どちらも美しい光沢のある鞘翅に包まれているが、たいした破壊力の甲虫たちだ——の特徴をよく言い表している。

「まるで生きた宝石がちりばめられたかのように……太陽を浴びるために花や葉、枝や樹皮にとどまり、あでやかな色合いをあちこちに添えている」

フランク・コーワンはたいそう魅力的な金属光沢を放つ甲虫について次のように書いている。

タマムシ科の多くの種の甲虫がきわめて艶やかな色合いに飾られている。エメラルドの地に磨き上げた金を散らしたような、あるいは金の地に紺を撒いたような。その鞘翅は、中国やイングランドの貴婦人たちが、衣装を飾るのに利用した。中国では青銅でこの虫の美しさを模倣することも試みられ、それが実に巧みであったので、時に本物と取り違えられるほどであった。セイロンをはじめインド全域でこの科の二種の昆虫の黄金の翅が……後宮《ゼナナ》の刺繍に色を添えるために使われたほか、きらびやかな肢の関節は絹糸で綴られ、華麗なネックレスやブレスレットになった。

ベックマンによると、「ビルマの堅木の森林では、インドに輸出するため多くの人が」甲虫の鞘翅を採集していた時期があるという。インドでは鞘翅を金属糸で布地に縫いつけた。

バハマと南アフリカでは、地中や草の根のまわりにいるグラウンド・パールを集めてネックレスに仕立てたとA・D・イムスは書いている。パールといっても休眠状態のワタフキカイガラムシ(ワタフキカイガラムシ）のメスで、直径七、八ミリの艶やかな蝋質の丸いカプセルに包まれているものだ。カイガラムシはアブラムシの遠い親戚で、この種の多数を占めるマルカイガラムシが固い蝋状物質を分泌し、貝殻のように体が覆われるためにこう呼ばれている。生涯の大半、マルカイガラムシには樹液を吸うための口吻以外の付属物がなく、口吻はずっと宿主植物に差し込まれたままだ。基本的にはカイガラムシは、植物についたあぶくのような寄生虫なのだ。

グラウンド・パールはカイガラムシの中でも例外的なグループで、コチニールカイガラムシもこの部類に属するのだが、殻に覆われるのではなく、休眠していないときは蝋状の繊維を分泌して、それで体を包む。マルカイガラムシとは異なり、メスには弱々しくて短い肢があるのだが、動きは非常に限られる。

奇妙で美しい装飾品

ペルー東部のイバロン語族のアグアルナの人々は、独特の使い方で虫こぶを体の装飾に使うと、一九七八年のブレント・バーリンとギリアン・プランスの論文に述べられている。虫こぶは植物にできる腫れ物のようなもので、母なる昆虫が植物に産みつけた卵から孵った幼虫がこしらえてその中を棲みかとし、また食料ともする。件《くだん》の虫こぶは、バーリンとプランスの論文発表当時はまだどんな虫が作るものか判明していなかったが、アグアルナの人々が「ドゥシップ」と呼ぶ木の葉の裏につくものだった。この木のほうも、学界には知られたばかりで、要するに学名もなければ系統的な分類もされていなかった。この虫こぶはドーナツ型で直径が一インチの一六分の三ほど、つまり五ミリほどだ。バーリンとプランスが記しているところによると、「木が葉を落とすとアグアルナの人々がバスケットに拾い集め、その後虫こぶをはがして首飾りにする。（窪んでいる）中心部分はたいてい厚い膜で覆われていて、鋭くとがらせたものがあれば容易に穴を開けることができる」。この天然のビーズがつながれて、首飾りになるわけだ。ひとりの人が虫こぶをつなげたおおよそ一メートル二、三〇センチの輪を、多ければ四〇本ほども首にかける。一本の輪には一〇〇〇以上の虫こぶが連ねられているので、多い人は四万個もの虫こぶを身に着けていることになる。

アグアルナの人々は虫こぶを種だと考えていて、また別の種族の長《おさ》は、果実であると思っている。バーリンとプランスの論文には、伝道団がよこしたこの長タリリとの会話が引かれている。「タリリは、わたしが（虫こぶは）昆虫の卵からできていると言うと笑った。彼は『それはありえない。葉の葉脈にそって大きくなるんだ。わたしたちが果実を見分けられないとでも言いたいのか？』」

H・F・シュウォーツは、オーストラリア北部の先住民が、「髪の毛を束ねた先端に」ハリナシバチの蜜蝋で造ったビーズをつけ、髪型を膨らませてみせると説明している。装飾的価値を高めるために、オーストラリア先住民は蝋の中に小さな赤い種を埋め込むという。またブラジル南部――おそらく南米のほかの地域でも――の先住民は、装飾品に羽根を留めつけるのに、ハリナシバチの蜜蝋を用いる。

一九〇〇年、すぐれた昆虫学者のリーランド・ハワードは、アフリカ南部のズールーやカフィール人が、頭に昆虫が分泌した蝋で固めた環をつけると指摘している。

「この頭環はかねてアフリカを探検した人々の目にとまっていたもので、腱を芯にしてそのまわりに蝋を施し、さらに油脂で盛り上げたものといわれていた。髪の一部は剃られ、一部は補強のために環に組み込まれている。髪が伸びると環は押し上げられ、折に触れてところどころ補修しなければならない」

この蝋は、カタカイガラムシ科のロウムシが分泌するものといわれている。ハワードによるとこの属は「精力的に蝋を生産する。たとえば古代中国で商用に流通した蝋は、ロウムシが分泌したものである。ズールーが用いる蝋がロウムシのどの種のものであるかは、わたしの知る限り、わかっていない」。

仮面を作るのに北米産のスズメバチの紙質の巣を使うのは、昆虫の産物の利用法としては間違いなく珍奇なものの五本の指に入るだろう。ロジャー・アークルとその共同研究者らによると、フットボール型をしたスズメバチの巣は直径三五センチ、長さ六〇センチほどにまで大きくなり、女王蜂一匹と多数の働き蜂からなるコロニーがすっぽりおさまる。壁は幾重にも層になっていてその中に広い空間があり、六角形の小室が並んだ紙の巣が、水平に三層から五層つり下がっている。女王蜂は小室ひとつに卵をひとつ産みつけ、これを働き蜂が昆虫を餌にして成熟するまで育てるわけだ。

カール・フォン・フリッシュによると、巣材は、働き蜂がその頑丈な下顎でもって枯れた木――倒木や塀の柱など――から引きはがしてきた繊維を唾液で固めた紙だ。ジェラルド・マクマスターとクリフォード・トラフツァーは、ノース・カロライナのチェロキー族が伝統の舞踏を踊る際、仮面をつけると報告している。動物舞踏のときには木の仮面が、病を呼び込む悪い精霊を追い払うためのブーガー舞踏では、普通瓢箪《ひょうたん》の仮面が使われる。ただ少なくとも一度、ブーガー舞踏の舞い手が蜂の巣をはがして目と口の穴を開け、急ごしらえの仮面を使ったことが報告されている。

治療の儀式で病んだ人に癒しの歌を唄い、舞いを舞うシャーマンが足を踏み鳴らすにつれ、小石や種、ダチョウの卵の殻のかけらなどが入った乾燥した繭で飾りつけた足環がからころと音をたてる。リチャード・ペイグラーによれば、こうした病を癒す儀式はアフリカ南部や、大西洋を挟んでアメリカ西部、さらにメキシコ北部で見られるという。いずれの土地でも、足環に使われる繭は蚕のものではなく、ヤママユガ科で、セクロピアガやシンジュサン、プロメテアガ、アトラスなどの仲間であるオオカイコガの繭のようだ。これは人類学的に際立って印象的な並行現象で、非常に離れた地域の異なる文化の間で、ほとんど同じ奏鳴具がそれぞれ独自に発達したことになる。

足環の形式はおそらくふたつに分けられる。ひとつはアフリカ南部の奏鳴具に代表される。ハワードは、「足首にはめる奏鳴具は、中国やインドから人力車が導入されて以来、ナタールではかなり広く使われるようになった」と記している。アフリカの車夫は「ごく普通に足首に環をはめており、街路に響くその音は、冬にニューイングランドで街に鳴り響くそりの鈴の音と同じくらい耳になじんだ音色だ」。ハワードによると、

人々は蛾が抜け出した後の繭を集めて小さな石をひとつふたつ入れ、それを幅広のサルの皮の帯に並べ、皮を覆うように縫いつける。縫いつける面は皮の内側で、毛の生えていないほうだ。足環は……長さ二五センチ、幅一〇センチほどで、革ひもで（足首に）くくりつける。……繭は丈夫でよく乾燥していて、中の小石がとても楽しげな音をたてる。

もうひとつの形式は新世界先住民のいくつかの部族と、アフリカ南部カラハリ砂漠のサン族で用いられているもので、十数個から一〇〇個あまりの繭をつけた糸――一本一本が長ければ一八〇センチほどにもなる――を縄や布地にくくりつけたり縫いつけたりしたものだ。この奏鳴具は膝から足首の間の下肢に巻きつける。ボツワナのサン族が作る足環は一五〇センチもの長さで、七二個もの繭がとりつけられている。繭は、もともと枝に付着していた部分に沿って開かれ、砂利やダチョウの卵の殻のかけらなどが中におさめられる。ナタールの人々も同じような繭の糸を作り、腰にベルトのように巻いていると、一九一三年にA・シュルツが報告している。

現在でもアリゾナとメキシコ、ソノラ州のヤーキ族が類似の足環を作り、用いているとペイグラーは記している。繭を赤い毛の糸に縫いつけたものだ。足環の両端の赤い房は、『花』と呼ばれ、神の神聖さを象徴している」という。アリゾナのヤーキ族は、繭がいつも新しく見えるように白く塗る。それはアリゾナでは新しく足環を作るための繭がとれず、ソノラ州のヤーキ族から仕入れなければならないためだ。ここ数年は、ソノラ州のヤーキ族も近隣の部族から繭を仕入れなければならなくなった。というのは、メキシコ政府がマリファナ畑を根絶するためにソノラ一帯で大々的に除草剤を散布し、繭を作る蛾の棲息数が激減したからだ。

手で持つ奏鳴具は、カリフォルニア、アリゾナ、ソノラのさまざまな先住民が用いている。ペイグラーによると、ポモ族がもっともよく使う「まじない鳴子」は、「啼くときにガラガラしゃべるというウグイス（カイ・ヨヨク）にちなんで」カイヨーヨーと呼ばれる。この鳴子は「ずんぐりした木の持ち手があり、大きな羽軸に六個から四〇個の繭をつけて、さらに羽毛で飾りつけられるのが普通である」。

カスタノア族は、幼虫が繭を作った枝ごと鳴子を作る。細く裂いた布で繭のついた枝を数本くくり合わせ、鳴子の持ち手にするのだ。彼らが繭の中の蛹を食べると考える観察者もいるが、人類学者のクレイグ・ベイツは、この部族はふだん昆虫を食用しているものの、まじない鳴子に宿ると彼らが考える「魔力」に敬意を払い、鳴子にする繭の蛹は食べないのではないかとペイグラーに話している。

ミウォク族のシャーマンたちは、鳴子は非常に強い力を帯びているので、「一般人」には扱いきれないと信じている。鳴子の力はこれを作り上げる際の儀式的手順から生まれる。山の斜面に生える灌木の、日の当たっている部分についていた繭をとってきて、水晶の小石、ないし結晶を中におさめる。ベイツが、ミウォクのシャーマンが鳴子を作る一部始終を見た人の証言を引用している。

「四つの……大きくてつやつやと自然な銀色に輝く繭が棒につけられ、……鷲の綿毛と羽根で縁取りをし……持ち手として革の輪がついていて、四枚の皮辺には……鷲の羽根二枚と鳩の小さな羽根二枚が下がっている。実に見事な芸術品だった」

近隣の村から天然痘が広がってくるかもしれないという知らせに応え、チプリシュという名のシャーマンがヒウェイの踊りを行った。一二人の男性舞踊手をともない、日没から真夜中まで、四夜連続で舞いは続けられた。そのシャーマンの衣装を見た人の話を、E・ブレック・マークマンが紹介している。

チプリシュはヒチリと呼ばれる羽毛の襟巻をつけるが、これは首の後ろをわたして前にまわし、脇の下を通して背中で合わせて尾にする。シャーマンはワシルニと呼ぶ繭の鳴子を両手に持ち、三つ目の鳴子が髪に留めつけられている。ヨモギの茎と葉を……編んだ冠を被り、……鳥の羽毛を裂いて束にしたものをとりつけた四本の棒を刺して頭を飾っている。羽毛の飾りはひとつひとつが六

○センチほどの長さで、鹿の腱で結わえつけられている。この羽根飾りの棒は、一本が正面、一本が後頭部、そして左右にそれぞれ一本ずつ髪に挿してある。頭につけている繭の鳴子は、鳴る部分が後頭部の上にくるように立ててある。厚さ一五センチになるという葦のマットに腕を通す穴を開けたものを、膝までのスカートのように身につける。

チプリシュは精霊に、自分の村が脅威にさらされているのは間違いないかと尋ねた。精霊は、「病などまったくやってこない」と答えた。

ペイグラーの報告では、大型のヤママユガの繭を使う集団はほかにも数多い。カリフォルニア州のワイラキ族が作る手持ちの魔除けは、柳の枝を組み合わせ、重なる中心部分がひし形になった十字形に葦を編み込んだもので、四本の先端部分のうち三本の先に蟻塚からとってきた砂利を入れた繭がひとつずつ下がり、残りの一本が持ち手だ。ペイグラーは、「こうした道具の目的は、何らかの行動を成し遂げようとする際、健康や成功を確かなものにするため、神の目の焦点を持っている人物に集めることではないか」と示唆している。ミノガはヤママユガとは無縁のミノムシだが、この繭は「ザイールの呪医が使う瓢箪容器におさめられたさまざまな崇物信仰の品々のうちの」ひとつであるという。また台湾では、アトラスの繭が観光客向けの小銭入れになる。小銭入れは六センチほどの長さで、中国語で「野生の絹で造った財布」と銘打たれている。

トビケラの幼虫が作る「繭」で宝飾品を作るという話は、わたしは聞いたことがなかったが、最近地元の新聞に載っていたナイトトリッダーの通信記事で紹介されていた。宝飾品の前に、トビケラ（カディス・フライ）について少し説明しておくが、そもそもフライといってもこの虫は蝿ではない。幼虫はイモムシに似て池や小川に棲み、活動はなかなか活発だ。成虫になると毛の生えた翅がつき、蛾に似た姿態で夜、水辺の明かりのまわりを飛びまわる。トビケラの仲間の多くは、幼虫のとき、固定されていない筒状の棲みか――「繭」――を作り、頭と肢だけ出して、ヤドカリのように被って暮らす。この筒というか鞘のような棲みかは、多くは砂か小石をシルクで継ぎ合わせたものだ。色とりどりの砂がほぼ隙間なく組み合わさって、人の手になるタイルのモザイクばりに美しい鞘ができることもある。

ところが自然の営みにさらに手を加えて美を追求したのがキャシー・スタウトだ。彼女はトビケラの幼虫を捕まえて育て、まず普通では考えつかない材料を与えて鞘を作らせた――新聞記事によると、「オパール、ガーネット、タイガーズアイ、ジャスパー、ラピスラズリ、金、エメラルド、ルビー、サファイア、それにダイヤモンドまで」。最終的に幼虫はこの宝石の鞘の中で蛹になり、羽化して飛び去る。この段階でキャシーは空になった鞘――長さ三センチほどでふたつと同じもののないきらびやかな鞘――を集め、壊れてしまわないようにエポキシ樹脂を詰める。これを使って母親のマリリン・カイルがイヤリングやネックレスなどなど、一点物の宝飾品をデザインする。値段は「三五ドルから二〇〇〇ドル」だが、多くの人が夢中になるという。キャシーいわく、「男性にも人気があるんです。『これは虫が造ったんだぜ。かっこいいだろ』って言えるからだと思うんです」。

ところが、まこと、日の下に新しきものはなしだ。ヘンリー・マクックの『古い農場の間借り人』は一八八六年に刊行された独特の語り口が楽しい自然逍遥記だが、この本をめくっていて、彼がイガに色とりどりの鞘を作らせるくだりを見つけた。イガの幼虫も、トビケラのように鞘の中で過ごすのだ。われわれの衣装ダンスの中でウールに食らいついて生きているイガの幼虫は、シルクの鞘を自分が食べた繊維の糸屑で飾る。幼虫は成長するにつれて鞘を長くする。マクックは書いている。

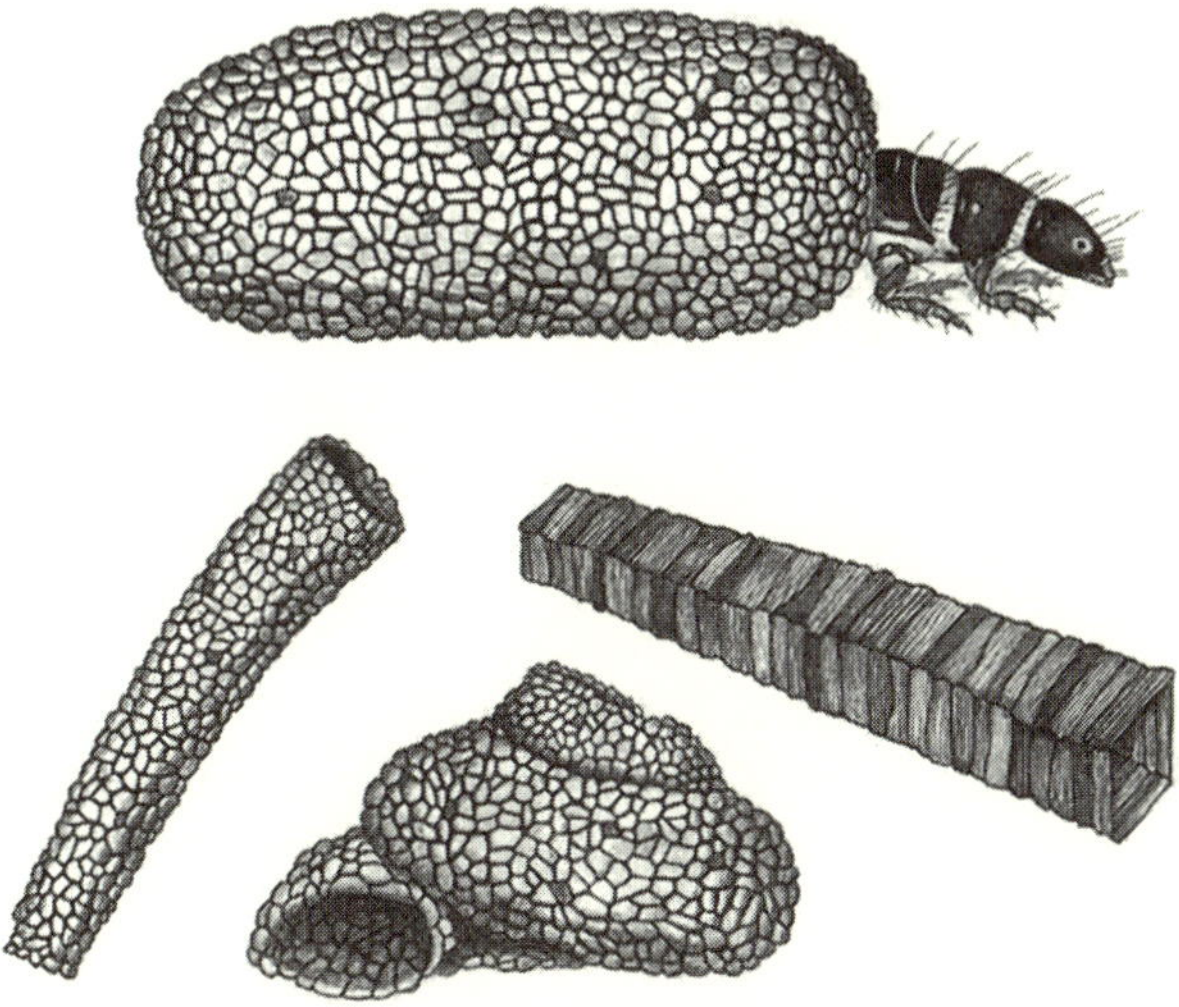

鞘に入ったトビケラの幼虫。
下左は、砂利でこしらえた筒型の鞘、下中央は貝型の鞘、
下右は植物の繊維で作られたもの

「幼虫をある布から別の色の布に移しかえてやることで、好みの色合いを作り出せる。また、幼虫がせっせと鞘を作る様子を観察し、布から布へと移動させる頃合いを見計らえば模様も作り出せる。たとえば成長途上の幼虫を明るい緑色の布地に置いておく。鞘が形になってきたところで黒い布に移す」

そして次は赤い布、といった具合だ。

「このようにすれば、やがてちっぽけな虫けらも、親切な人間の手を借りて、ヤコブのお気に入りの息子のように、『色とりどりの上着』をまとうというわけである」


昆虫や、昆虫が生産しているものを人間が利用して、装ったり飾りに使ったりしていることがわかった。次は、宝飾品ほど目にはつかないものの、人間生活にとっては同じくらい重要で、昆虫の生産物の恩恵にあずかっている品々を見ていこう。蜜蝋で作るろうそく、カイガラムシが分泌する樹脂、ラックで作るワニス、そして蜜蝋とラックを合わせて作る封蝋だ。

第5章

ミツバチの作るろうそく

教会に灯されたろうそく

一五六九年、現在モザンビークとなっている地のソフラ族に伝道に来ていたポルトガル人の神父ホアン・ドス・サントス師が、こんなことを記している。時折、教会堂の窓から小さな鳥が入ってきて、祭壇のろうそくをかじりとっていく、と。神父の文を引いたハーバート・フリードマンは、神父がこの鳥を sazu passaro que come cera、「サズ（この鳥の現地名）、つまり蝋を食べる鳥」と呼んだと述べている。小鳥の素敵な習慣については後にゆずるとして、まずお話ししておかなければならないのは、伝道団の教会堂に置かれていたろうそくの原料が、蜜蝋だったことだ。蜜蝋を作るのはミツバチで、あなたがパンに塗るハチミツを作るのと同じ、セイヨウミツバチ、ユーラシア西部とアフリカの原産で、ヨーロッパ人が持ち込んだためにかなり古くから新大陸にも定着しているミツバチだ。

ミツバチは、幼虫を育て、花粉や蜜を蓄えておくための六角形の小室からなる巣を作るために蝋を使う。群れが大きくなって小室がさらに必要になると、在宅の働き蜂（「家蜂」）——巣を離れて花粉や蜜を集めるにはまだ幼い蜂——が、腹部の下にある八つの腺から、蝋の薄片を分泌する。蝋を分泌する蜂たちはまず、ハチミツをせっせととり、一日休養した後蜜に含まれる糖分を脂質である蝋にかえる。この転化はわたしたちにもおなじみだ。つまるところわたしたちも、甘い物を食べすぎると要りもしない脂肪の層を貯め込むことになる。一八五三年に初版が刊行されたロレンツォ・ラングストロスの『巣箱とミツバチ（On the Hive and the Honey-Bee）』は読む者をとりこにして放さない、すこぶる読み応えのある一冊だ。この中で著者は、「細心の注意を払って執り行われた実験によって、たった一ポンドの蝋を作るために、少なくとも二〇ポンドの蜜が消費されることが明らかになった。途方もないと思われる向きもあるかもしれないが、蝋は蜜から抽出される動物性脂肪であること、家畜に一ポンドの脂肪を蓄えさせるには、トウモロコシや干し草をどれほど食べさせなければならないかを思い起こしていただきたい（一ポンド＝約四五〇グラム）」と記している。

一〇〇〇年以上の間、人々は蜜蝋にさまざまな使い道を見出してきた。いまでも蜜蝋は、生活に欠かせない有用な日用品だ。同僚であるジーン・ロビンソンによると、蜜蝋には単位重量あたりハチミツの二倍から三倍の値がつくそうだ。蜜蝋がいつ頃から使われはじめたのかは歴史の彼方だ。ただ、ホーリー・ビショップの面白くてためになるミツバチの本を読むと、蜜蝋は――古代エジプトやギリシャ、メソポタミア、そしてローマでも市場に出回っていた――古代社会でもおおいに使われていたようだ。たとえばエジプト人は、防腐処置を施した遺体を、溶かした蜜蝋に浸した麻布で何重にも包み、ミイラを作った。その後ミイラをおさめた棺に封をするのも蜜蝋だった。古代ギリシャでは、溶かした蜜蝋に顔料を混ぜ、壁に塗って艶を出した。同様に、船の防水にも、顔料を混ぜた蜜蝋がよく使われた。そしてメソポタミアから中国まで、各地で芸術家たちが像などの型をとるのに、第4章で紹介した「蝋型法」を用いた。

ロジャー・モースによると、一〇〇年ほど前の「女性の裁縫箱には、ひと固まりの蜜蝋……おおよそ鶏の卵の半分くらいの大きさのものが欠かせなかった」という。蝋は、ほつれた糸端をまとめたり、針の滑りを良くしたりするために使われた。歯科で患者の歯型をとるのに蜜蝋が用いられていたこともあり、イリノイ州シャンペーンのアントゥルコ歯科研究所で確かめたところ、蜜蝋は現在でも入れ歯を作ったり金冠の型をとったりする材料の一部になっているそうだ。また、かかりつけの薬剤師の話では、膏薬やスキンクリームを作るのにも使われている。家具磨き、靴磨き、弾薬、碍子など、そのほか数々の製品の原料にもなっている。だが、安価な合成樹脂やパラフィンのような人工の蝋にとってかわられたところもある。

蜜蝋の一番のお得意さんに数えられるのが、何といっても養蜂家たちだ。巣の土台となる巣板の材料として必要なのだ。巣板とは、蜜蝋を薄くのばしたシートに六角形の小室の壁の一段目が両面に打ち出されたものだ。小室は、ちょうどミツバチが好む大きさのものでなければならない。巣板を長方形の木枠にはめ、巣箱にセットする。締まり屋でご都合主義の蜂たちは、自分たちで蝋を作る手間が少しでもはぶけるとあって、喜んでその上に巣を作る。一八五七年、はじめて作られた巣板は木の押し型を作り手作業で六角形を打ち出したものだが、その後工程は機械化が進み、一九世紀の終わりまでには安価な工業品の巣板が流通するようになった。今日では、アメリカ中のほとんどの養蜂家が大量生産品の巣板を使っている。

『昆虫と人間社会（Insects and Human Society）』で、T・マイクル・ピーターズはある英国の養蜂家の記録を引用している。この養蜂家は一八二七年に、「およそ節度ある集まりであればどこであれ、蜜蝋が最大の光源であり、ローマ教会でも絶えずろうそくが灯されている。つまり蜜蝋は重要な交易品となっているのであり、しかるにそれが、特に暖かい地方においてミツバチに格段の関心が寄せられる主たる誘因となっているのである」と書いた。

モースは、現在の蜜蝋の主な用途は、ローマ・カトリック教会で古くから使われ続けてきた教会用のろうそく原料としてではないかとしている。

「蜜蝋はとりわけろうそくに向いている。獣脂より煙も匂いも少ないのだ。蜜蝋は燃やすとむしろ良い香りがするくらいだ」

加えてローマ・カトリック教会では、ミツバチには象徴的な意味もある。「教会典礼集には、ミツバチ（働き蜂）は処女であるから、その蜂が作る蝋は純潔の象徴であると指摘しているものもある」という。シャンペーンにあるイリノイ州立大学付属聖ジョンズ・カトリック教会のM・アンドリュー・ヘックマン氏に電話して訊いてみたところ、確かに教会ではいまもほぼ蜜蝋でできたろうそくを使っているというが、前世紀のような蜜蝋一〇〇パーセントではないそうだ。普段灯しているろうそくは、成分の五一パーセントが蜜蝋で、残りは石油から合成されるパラフィンであり、特別な機会には、蜜蝋六七パーセントのろうそくを使うという。

一六世紀、スペイン人はメキシコから中南米の先住民をほぼ力ずくでローマ・カトリックに改宗させた。エルナン・コルテスを補佐した侵略者のひとりにベルナル・ディアス・デル・カスティーリョという人物がいて、ハーバート・シュウォーツによると、スペイン人が設けた祭壇でフレイ・バルトロメ・デ・オルメド神父が礼拝を行って、先住民たちに「地元産の蝋でろうそくを作る方法を教え、祭壇に常にろうそくの火を絶やさないように命じた」様子を、ディアスが詳しく記しているという。地元産の蝋というのは、わたしたちになじみの深いミツバチではなく、熱帯産の新世界ハリナシバチが作るものだ。このハチについては、第8章で詳しくご紹介しよう。先住民は蝋を珍重していた――テノチティトランの大きな市で取引されていた――し、ろうそく作り以外の用途で以前から活用していた。アステカにはその名前もあり、シコ・キトラトル――蜂樹脂と呼ばれていた。

マヤの村チャンコムでは、ハリナシバチの蝋が、少なくとも一九四〇年代の終わり頃までは儀式用ろうそくを作るのに使われていたとシュウォーツは報告している。ろうそく職人は横にした木の輪に五〇本ほどの灯心《とうしん》をつるし、「輪が回転すると溶けた蝋が灯心のまわりについて必要な太さになる」。巣によってできる蝋の色が薄かったり濃かったりするため、ろうそくの出き上がりも黄色っぽかったり黒っぽかったりする。

「黒い蝋のろうそくは、成人の葬式や、故人を悼む式典のある万霊節の儀式で灯される場合がよくある」

ホンジュラスのマヤ人は、黒いろうそくを大変神聖なものと考えている。あるマヤ人は黒いろうそくを売ることも、白いろうそくと交換することも拒否した。「白いろうそくには魂が宿っていない」と信じているからだ。

並外れたミツバチの能力

チャールズ・ミチェナーが熱心に説いているように、ミツバチは驚くべき昆虫だ。蜂の世界は、おそらく人類を除いた動物の世界で、もっとも複雑な社会構造をしている。

群れ（コロニー）は、養蜂家の巣や木の洞、ビルの壁の空洞などに居を構え、一匹だけの女王蜂は基本的には卵製造機で、何千といる働き蜂はすべて卵を産めないメスだ。年長の働き蜂が花粉や蜜を集め、それを食料に若い働き蜂が幼虫を育てるが、幼虫たちはまた、ごく少数のオス以外はすべて働き蜂になり、特殊な状況のときにだけ、一匹が女王蜂になる。

二年から三年に一度、群れはふたつに分かれる。年長の女王と働き蜂の一群が巣を離れ、別の場所に新たな住まいを見つける。養蜂家が捕まえて巣箱におさめなければ巣立った群れは野生化し、木の洞などに巣を作るだろう。新しい女王と付随する群れは、もとの巣に残る。新女王は午後の何日かをオス蜂の好みそうな場所——オスはたとえ巣を出るのが生まれてはじめてでも、そういう場所に大勢集まる——へ婚姻飛翔に出かけて巣に戻ってくる。女王蜂が交尾するのはその一度きりで、貯精嚢と呼ばれる器官に多ければ七〇〇万個もの精子——精子を提供したのは複数のオス蜂——を数年間の生涯にわたって生きたまま蓄えておく。

群れが存続できるかどうかは、働き蜂の並はずれた能力にかかっているのだが、そのうちのふたつがとりわけ興味深い。ひとつは踊りが言葉になっていることで、これは第8章で詳述する。もうひとつは巣を温めたり、巣の温度を調整したりするやり方だ。ミツバチの群れは、巣を温めることで冬を越す。働き蜂は寄り集まり、女王蜂と蜜を満たした小室のまわりをがっしりと固める。外側の蜂は「肩を寄せ合って」、蜂二匹分の厚みの熱を通さない「毛布」になる。内側の蜂はそれほどには密集せず、蜜を食べて翅を動かすことなく翅の筋肉を「震わせ」て、蜜のカロリーを熱にかえる。働き蜂たちは定期的に位置を交代し、外側の蜂を任務から解放してやるのだ。

トウヨウミツバチは、巣に侵入して幼虫を狙うオオスズメバチ退治に発熱能力を使う。オノ・マサトとその共同研究者の調査では、オオスズメバチの斥候が巣に入ってくると、五〇〇匹からのミツバチが素早くスズメバチを包囲して、固く丸まるという。そしてその球の中の温度を、なんと摂氏四七度近くまで上げるのだ。これはオオスズメバチにとっては致命的な高温だが、ミツバチにはそうではない。

夏、気温が三五度を超えてくると、働き蜂たちは段階的に巣を冷やす方法を繰り出す。少しだけ冷やせばいいときには、翅で仰いでただ空気を循環させる。次の段階は気化熱を利用した冷却法で、巣の小室に薄く水を撒くのだ。それでも冷え方が足りなければ、働き蜂は盛んに翅で仰いで蒸散を速める。こうした方法はどれも非常に効果的で、マーティン・リンダウアが巣を黒ずんだ溶岩の上に置き、巣の中の温度が摂氏七〇度になったときも、近くに水の供給源が確保できさえすれば、働き蜂たちは巣内の温度を三五度に保つことができた。

さて、東アフリカ伝道団の教会堂に入り込み、蜜蝋ろうそくをついばんでいった小鳥に話をもどそう。この種の小鳥は普段、たれた蝋を食べて命をつないでいるわけではない。蝋もミツバチもハチノコも、野生の群れのハチミツも食べる。ただ、この小鳥たちがミツバチの群れに入り込む手段は、実に風変わりであるとフリードマンは記している。小鳥は野生の蜂の群れを見つけると、人間――あるいはミツアナグマと呼ばれる動物――を探して、騒々しく啼きたて、翼をはためかせたり尾羽を広げたりしてその人物（またはミツアナグマ）をミツバチの巣へと導く。そういう巣は、たいてい木の洞などにあり、小鳥は時折小枝などにとまってさかんにディスプレイを繰り返してはその人物なり（アナグマなり）がついてきているのを確かめる。人（アナグマ）が巣を壊しておいしい蜜を拝借して立ち去った後、ハチミツ案内人（indicator indicator）の名を奉じられた小鳥は巣に入って、おこぼれをありがたく頂戴するわけだ。

ハチミツ案内人は、蝋を食用できる数少ない生き物のひとつである。人間をはじめ、ほとんどの動物は蝋を消化できない。わたしたちがトーストに塗ったりする蜜入りの巣は蝋に包まれていて美味と考えられているけれども、ハチミツのほうは当然消化できるとしても、蝋は消化されないまま排出されるだけだ。昆虫の中にも、蝋を食用できるものがいくらかいる。養蜂家が恐れる昆虫のひとつがハチノスツヅリガだ。モースの解説によると、ハチノスツヅリガのメスは「通常、蜂の巣の外に卵を産む。卵が孵ると、蝋を食べる幼虫が巣に潜り込み、小室にシルクを張った坑道を作って巣を壊してしまう」という。ミツバチはハチノスツヅリガの幼虫を見つけるとすぐに殺すのだが、幼虫の中にはミツバチがめったに行かない場所に潜んで生き延びるものがいて、働き蜂の数が少なく、護りの弱い巣では幼虫が生き延びる率は高い。ジョン・ヘンリー・コムストックもハチノスツヅリガについて書いている。

「最大に成長した幼虫は二五ミリの長さになる。幼虫は昼間は坑道に潜み、働き者らしく疲れ切った働き蜂が眠る夜にだけ食事をする」

第8章では、神の食料と呼ばれ、石器時代にまでさかのぼって人間の舌を楽しませてきたハチミツを人類がどのように味わってきたか、さらに見てみることとしよう。

蝋を生み出す昆虫たち

蝋を分泌するのはミツバチだけではない。ミツバチの近縁のマルハナバチ——彼らもまた社会性昆虫だ——は、ネズミの巣穴跡などに作る巣の中に、蝋の蜜壺を作る。ほかにもかなり多くの昆虫が蝋を分泌する。特によく知られているのが、樹液を吸うカイガラムシ、アブラムシの仲間、ヨコバイ、アワフキムシなどだ。カイガラムシは、すべてとはいわないがそのほとんどが蝋を分泌する。

第4章で紹介したグラウンド・パールもそのひとつだ。「真珠」というのはご紹介したように、実のところ休眠中のメスのワタフキカイガラムシで、蝋質の固い球におさまっている。ライラックなどにつく小さなカキガラカイガラムシのようなマルカイガラムシは、貝殻のような鎧を蝋で作り、それを盾のようにして上半身を保護している（カキガラの名前は、鎧が牡蠣の殻に似ているところからつけられた）。

そのほかのカイガラムシは、貝殻というよりも、蝋の粉をふいたように体を覆っていたり、長い蝋質の繊維で体を覆っていたりする。ダグラス・ミラーとマイクル・コスタラブが指摘しているように、ワタフキカイガラムシなどのメスは、卵塊も蝋質の繊維で保護する。

カイガラムシが作る蝋は、蜜蝋よりは手に入りにくいし、あまり広く使われているとはいえないが、それでも世界各地でさまざまな用途に用いられてきた。たとえばグラウンド・パールの近縁種が作る硬い蝋は、「スペイン征服以前から中米の人々に……利用され（時にはそのために育成され）てきた」とキャサリン・ジェンキンズが報告している。この蝋を「施せば、どんな材質の表面にも固い不透過の膜が」できるという。この膜の用途は数々あるが、木や瓢箪の防水に利用したり、「顔料を混ぜてラッカーのようなコーティングにしたり、顔や体のペイントの下地にしたり」する。カリフォルニアでは先住民が、樹脂やカイガラムシが浸出する蝋を「陶器の修理、籠の防水や、弓の補強として腱を張るのに用いたり、噛みたばこがわりにまで」使うとE・O・エッシグが記している。

コスタラブによると、蝋を産するカイガラムシの中でももっとも重要なのは中国のロウカイガラムシで、中国ではパラフィンが手に入るようになるまで、この虫が大量に産出する純白の蝋でろうそくを作っていた。フランク・コーワンがその様子を、「秋には、地元の人間はペラと呼ぶ蝋状の物質を木から削りとり、とかし、不純物を取り除いて塊にする。塊は白くつややかで、油と混ぜてろうそくにするが、それは普通の（原註：蜜蝋の）ろうそくより高級であるとされ……漢口《ハンコウ》の街の食料品店やろうそく売りの店先には、大きなチーズの塊のようなこのろうそくがつるされて、『霜を嘲笑い、雪と見まがう』と能書きがついている」と記している。

実のところ、昆虫はすべて――シラミも蝶も甲虫も、何であれ――ごくごく薄い蝋の層に護られていて、これは外衣というより「皮膚」の一部だ。「皮膚」は通常固い装甲のようで、昆虫学者には体壁ないしクチクラと呼ばれ、三つのはっきり異なる層からできている。外側の上クチクラという顕微鏡でしかわからないほど薄い層に、これもまた極薄の蝋膜が含まれ、昆虫の体から失われる水分を最小限にする助けとなっている。これは非常に重要な役割で、というのもほとんどの昆虫は気軽に水を飲むことができないからだ。蝋の層はきわめて薄い「セメント」の被膜で保護されている。

一九四五年、ヴィンセント・ウィグルスワースは大型のヒルの蝋層を一部取り除くとどうなるかを鮮やかに示して見せた。このヒルは普段腹を地面に擦って這う。そこで、ざらざらした粉末をまき散らしたところを這わせると、蝋の層がほとんど擦りとられ、ヒルは間もなく乾燥して死んでしまったのだ。だが這うときに腹が地面から少し持ち上がってクチクラが擦れなかった個体は死ななかった。ということは、ざらざらした粉末が蝋の層を擦りとる以外の働きでヒルを死なせたとは考えにくい。

カイガラムシから作られたレコード

我が家のリビングの抽斗《ひきだし》に、アル・ジョルソンとビング・クロスビーがデュエットした七八回転のレコードがしまってある。片面は「世紀の楽団」、片面は「わたしの人生を明るくしたスペイン人（Spaniard That Blighted My Life）」だ。どちらも踊り出したくてむずむずするような素敵な曲だが、それにしてもアル・ジョルソンとビング・クロスビーが、人間に役立つ昆虫産品の話にどう関係するのかと思われることだろう。偉大なる歌手のおふたりが関係するわけではもちろんない。問題はレコードのほうで、これはカイガラムシの分泌物から造られているのである。ちっぽけなカイガラムシがラックと呼ばれる樹脂を分泌する。ラックの用途は幅広く、第二次世界大戦前には、世界中で産出されるラックの多くは、細かい粘土や雲母などを充填剤に、フォノグラフ用のレコードを造るのに使われた。メイ・ベレンバウムは、「一九二七年から一九二八年にかけて、英国、ドイツ、フランス合わせて二億六〇〇〇万枚のレコードが造られ、これは一万八〇〇〇トンのシェラックに相当する」と書いている。だが一九三〇年代のはじめ、レコード材料は次第にシェラックからビニールのような合成樹脂主体になっていく。

ラックカイガラムシは学名をいみじくも *Laccifer lacca* といい、インドや中国、スリランカ、台湾、ベトナム、フィリピン諸島などでイチジクやバンヤンといった樹木に棲息している。

F・C・ビショップがその様子を説明し、小枝や若い枝に孵ったばかりの小さな幼虫が何千となく並んで、樹木の細胞に口吻を突き刺し、樹液を吸って大きくなると固い保護物質であるラックを分泌すると記している。ラックの主成分は樹脂と蝋、それに色素だ。樹脂様の分泌物は幼虫のまわりに貯まり、虫を覆い、ついには一センチ以上の厚みで一〇センチから一二、三センチほどの長さの鞘になって枝を包んでしまう。三カ月ほどで、幼虫は成虫になる。性比率は著しく偏っていて、幼虫はほとんどがメスになる。

「メスは樹脂の塊の中の小さな空洞におさまり、そこから出ることは決してない。オスは空洞から出て、メスのいる空洞から樹脂の外皮表面に続いている小さな開口部を通じてメスに授精する。メスの体内で卵が大きくなってくるとメスは真っ赤な袋のような形になり……メスが死に、卵が孵ると、幼虫はまだ虫のとりついていない手近な枝に移り、新たな一生を繰り返す」

エリザベス・ブロウネル・クランドールが、一九二四年、インドでラックを精製する古来の素朴な方法を記録した。ジャングルに住む人々が、ラックの固まった枝をとって売る。ラックの枝は乳鉢ですりつぶされ、篩《ふるい》にかけられる。「すりつぶされたかけらは三つに分けられる。ひとつは木質の部分で、これは燃料に使う。ふたつめは粉で、『カード』と呼び、腕輪やおもちゃ作りの職人に売られる。三つめが正真正銘のラックの粒で、シード・ラック（ラックの種）といわれるものだ。石の桶に張った水にシード・ラックを丸一日浸けた後、人がその桶に入って裸足で踏んでさらに細かい粒にする。やがて水は濃い赤紫色に染まってくるが、色が出なくなるまで何度も粒をすすぐ。そうした後で、天日に広げてラックを乾かすのである。

それから（ラックは）細長い布の袋に詰められる。袋は長さ三メートル半、太さ五センチほどで、……長いイモムシのような袋の両端に人がつき、炭火にかざしてそれぞれの人が反対方向にね

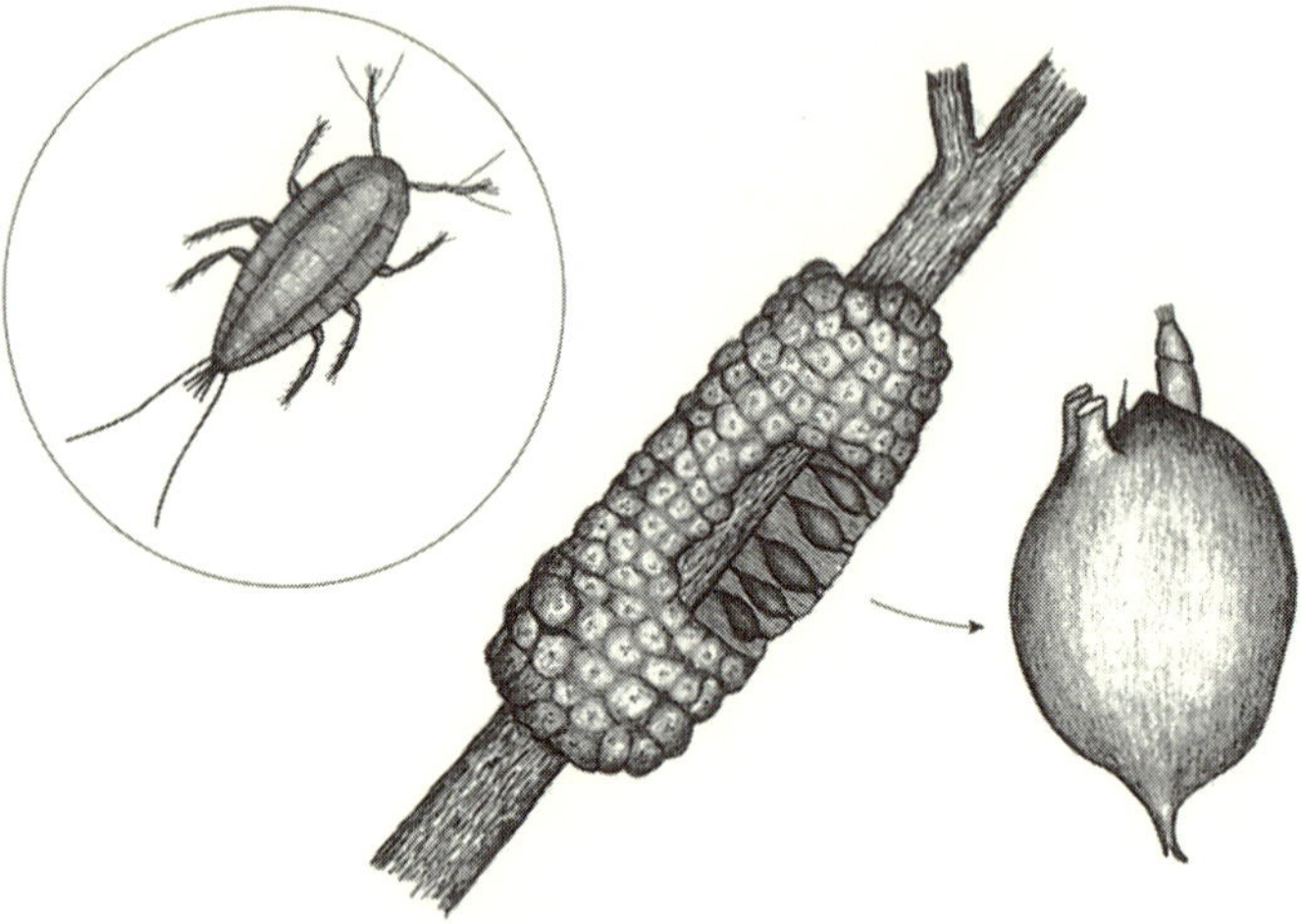

ラックの枝。小枝にできたカイガラムシのコロニー。
左が孵ったばかりの幼生、右が成虫のメス

じっていく。すると、溶けたラックが少しずつ床に垂れる。

ラックを溶かす工程で、職人は……その時々で三種の道具を巧みに使い分ける——火を掻き立てるのには長い鉄の火掻き棒、火のまわりに水を打つための木の杓子、そして袋の外の溶けたラックを掻き落とすための鉄のヘラだ。床に落ちたラックはパイナップルの葉で広げられる。広げたラックが固まってしまう前に別の職人がラックを薄い板状に伸ばし、両端を足で押さえて歯と手で持ち上げて床から離す。

板は乾かした後小片に割られ、「いつでも船積みできるように袋や箱に詰められる。この状態がシェラックという商品である」。クランドールがこの記録を記した頃、原始的なラック精製法は機械にとってかわられようとしていた。だが機械で精製したラックは、TN（真に天然の）ラックよりも価値が劣るとされている。

ラックを洗い落としてできる深紅の色素は染料になる。コーワンによると、これは「カルカッタで生産され、イングランドに送られた……一八〇六年とそれに続く二年でインディア・ハウスで販売されたシェラック色素の量は、コチニールの重量五〇万ポンド分に相当した」という。コーワンはさらに、東インド会社が「赤の布地をこの色素で染めたものとコチニールで染めたものの両方を買い求め、どちらも色合いに遜色なく」多額の資金を節約したといっている。ご承知のように、コチニール色素はいまでも染料としてわずかばかり出回っているが、ラック染料はもはや市場には出ていない。

ラックが少なくとも数千年前からさまざまな用途で使われていたことを、ロバート・L・メトカフとロバート・A・メトカフが指摘している。ビーズやぼたん、また細かな砂と混ぜて研磨剤にも使われた。アルコールに溶かしてできたワニスが一般にシェラックと呼ばれたりもする。シェラックはかつて高級家具などの木製品の仕上げとして重要だった。だがそれもほとんどが合成のポリウレタンにとってかわられている。ひとつには水がかかったとき、ポリウレタンは変化がないのにシェラック仕上げの物は白くくすんでしまうからだ。

聖なるスカラベの印章

封印と封蝋の物語には、三種の昆虫が登場する――ミツバチとラックカイガラムシ、そして驚くなかれ、フンコロガシ、つまり古代エジプトの聖なるスカラベ(オオタマオシコガネ)だ。封蝋がどのように使われるのかを考察した後に、フンコロガシの話をしよう。封蝋とは、たいてい棒状で、封をしたい書類にかざして使う。棒の先端を炎で溶かし、書類にたれた蝋に、エンボッサーとなる印影を彫った金型――印章《シール》と呼ばれる――を押しつける。中世からこちら、印章は一般に青銅や銀といった金属で造られた。

中世以前には、金属でも造られてはいたようだが、エジプトとアッシリアでは、石や硬く焼いた粘土で造られることが多かった。素材が何であれ、こうした印章には署名や紋章など特有の意匠が施され、印に彫り込まれていて、溶けた蝋に印章を押しつけると意匠が浮き彫りになって蝋の模様が浮き上がる。古代エジプトでは、印章はしばしば指輪の冠部に彫られていた。こうした印章指輪は、中世ヨーロッパでも非常に重要なものだった。たとえば聖ペテロが魚を獲っている図案を彫った巨大な金メッキの青銅指輪は、いまにいたるまでローマ教皇が公式文書を封緘するのに用いられている。

こうした封印は、文書の公正を証したり、所有者を示したり、書簡の封印をいじられないようにしたり、また、封筒が発明される前は折りたたんだ手紙の中味を見られないように、広く用いられていた。現代では封蝋はほとんど使われないが、まだ出回ってはいる。先日事務用品店に尋ねてみたところ、在庫はないが取り寄せはできるということで、二週間ほどあれば届くと言われた。その同じ日、美術工芸品を扱う店の結婚式用品の売り場で、中国製の白や銀色、金色の封蝋の箱を見つけた。封蝋には蝋を溶かすのに火をつけるための灯心がついていた。新郎新婦のイニシャルをかたどって、結婚式の招待状を入れた封筒に装飾的な封印を施すというわけだ。この店には、これも中国製だったが、アルファベットのすべての文字を彫った印章も売っていた。

中世ヨーロッパでは、封蝋は蜜蝋とベニス・テレピン油と呼ばれた物質を混ぜて作られていた。これは現在テレピン油といわれている液体とは違うもので、松やテレビンス――ウルシの近縁の小木――といった針葉樹からとったねっとりと濃い脂だ（turpentine という語は、terebinth からきている）。一六世紀のはじめ、アジア産のラックがヨーロッパに知られてくると、これが蜜蝋とベニス・テレピン混合物のかわりになった。いずれにせよ封蝋は、緑か赤――おそらくコチニール染料――で色付けされているのが普通だ。

ハリー・ワイスによると、エジプトの遺跡にはオオタマオシコガネの小像がごろごろしているという。後で触れるが、このフンコロガシは古代エジプト人にとっては大切な信仰の象徴だった。加えてスカラベは、印章にも用いられた。一九〇五年に刊行されたパーシー・ニューベリーの『古代エジプトのスカラベ（Ancient Egyptian Scarabs）』を読むと、スカラベ像はたいてい一・六センチほどの長さで幅は一・二センチほど、厚みは六ミリ程度の大きさで、金か象牙、時には粘土で造られる場合もあるが、もっとも多いのは石を彫ったものだ。これには柔らかくて扱いやすいステアタイトも使われるが、緑色の玄武岩や御影石、ラピスラズリ、アメジスト、碧玉、瑪瑙といった硬い石が使われることもある。上部はスカラベの背を模して丸みを帯び、下部は平らで、通常、持ち主の名などがヒエログリフで刻まれている。

ギリシャ・ローマ期（紀元前三三二～紀元三〇年）のエジプトの初期にもスカラベ像はまだ入手可能で、アーバナのイリノイ大学スプールロック博物館長ダグラス・ブルーワーの話では、おそらくローマ人が持ち込んだ封蝋と一緒に使われていたと考えられる。しかしそのはるか以前にも、スカラベ像の腹側は、柔らかい粘土の封印に刻印するために使われていた。ワイスは、「箱や壺、袋などを封じた刻印粘土のかけらが古代遺跡でおびただしく見つかることから」、柔らかい粘土の封印に刻印する行為が非常に広く普及していたと考えている。たとえばハチミツの壺は、コソ泥から守るために栓から首にかけて持ち主の印を刻んだ粘土の層で覆ってあったりした。布袋の中身は、袋の口を縛る紐の両端を刻印された粘土の塊の中に埋めて、盗まれないようにした。パピルスの巻物に書かれた文言も、巻物をくくった紐を粘土で留めて、詮索好きの目を免れようとしたかもしれない。

聖なるスカラベも、多くのフンコロガシ同様、糞を大きな球に丸め、穴を掘り、糞の玉をその穴に入れて卵を産み、穴を土でふさぐ。卵から孵った幼虫は糞を食べ、充分に成長して蛹になる。さらに蛹の皮を脱ぎすてると、甲虫になって土から出てくるのだ。古代エジプト人たちは、スカラベが砂の上を糞の玉を動かすのと同じようにして、ケペラ神が空で太陽を動かしているのだと信じていたとワイスは言う。エジプトの言葉でスカラベは「ケペル」といい、ケペラ神はスカラベを持つ男性、あるいは頭にスカラベを戴いた男性として表されることがある。スカラベはミイラから出てくる魂の象徴でもあった。蛹から出てきたばかりの成虫が地面から現れて飛び立つように、ミイラから抜け出た魂も太陽と天国に向かって飛び立つ、と古代エジプト人は考えたのだ。そのために、スカラベは再生と不死の象徴と見なされていた。

次の章では、書き文字によって意思疎通を図る人間の能力に多大なる貢献をしてきた昆虫たち、そしていまでもいくらかはその役目を果たし続けている昆虫を見ていこう。蜂は紙を作る。そしておそらく世界で初めて紙が作られた中国では、その様子を見て作り方を知ったのだろう。また蜂が作る虫こぶのうち、オークの木にできる虫こぶがインクの原料となることもお伝えしようと思う。

第6章

蜂の生み出す紙、虫こぶのインク

記号となった昆虫

ノアの子孫は誰もが、天国へ近づこうとバベルの塔を建てはじめるまでは全員同じ言葉を話していた。創世記を読むと、人間のその傲慢さが神を怒らせ、神は人間たちを地上にちりぢりにさせたうえ、「言葉を混乱させ」たので、人間たちは互いに話ができなくなってしまったということだ。科学ライターのアンドルー・ローラーにいわせると、世界には実に七〇〇〇もの言語があるそうだ（しかしジェシカ・エバートは、その半数があと一〇〇年のうちに消滅すると報告している）。だが一〇〇〇年の間に現れた書き文字――紙に言葉を記す方法――は一〇〇に足りず、たとえば古代ローマでラテン語を書くために使われたアルファベットは二〇〇〇年以上も持ちこたえ、イタリア語、スペイン語、ポルトガル語、フランス語、カタルニア語、英語、ドイツ語、スウェーデン語、アイスランド語、さらにトルコ語と幅広く異質な言語を書き記すのに、いまも使われている。書記法は外国からの侵略や宗教革命、話し言葉の変化、新たな言語の採用といった激動にあっても生き延びる傾向にある。ブリガム・ヤング大学の人類学者スティーヴン・ヒューストンの言葉を、ローラーが引用している。

「書記法には強烈な感情が投入されていて、そのために書記法は、本来以上に長生きしがちだ」

書記法によっては、昆虫が記号として使われていた、とチャールズ・ホーグが記している。

「昆虫の形は古代エジプト……マヤ、中国で、ヒエログリフや象形文字になった」

一方J・H・ツァイによると、殷（紀元前一六～紀元前一一世紀）の時代の中国の墓では、「紙にかわって、絹や蚕や桑の木を示す象形文字を施した亀の甲羅が見つかる」という。ほかに、ミツバチやイナゴを表す象形文字が記された甲羅も見つかっている。環境保護論者として有名な蟻の権威、エドワード・O・ウィルソンは、「日本語の『蟻』という文字は複雑で、ふたつの文字を組み合わせたものである。ひとつは『昆虫』を表し、もうひとつは『忠節』を示す」と書いている。社会性昆虫の絆が実に強く、互いに『忠実』であることが認識されていたしるしだ。いずれの場合も、何らかの形で昆虫の実際の姿を表したものが、様式化されて表象となったのだ。古代エジプトの書き言葉には、スカラベやミツバチ、バッタを表すヒエログリフがあるとホーグは指摘している。ヒエログリフはひとつの形で単語を表すこともあれば音を表現していることもあり、音のほうは英語の判じ絵と似ていなくもない。たとえばミツバチ（bee）の絵と葉（leaf）の絵を並べてbelief（ビリーフ、信じること）と読ませるような類いだ。

蜂の作る紙の巣

言葉を書いて記録する技術は、さまざまに工夫されてきた。現在のイラクにあたる地域にいたシュメール人たちは、五五〇〇年以上も前、柔らかく湿った粘土板に、葦を尖らせた筆で楔形の文字を刻み、窯で焼きしめた。五〇〇〇年ほど前からは、エジプトで葦の筆に煤《すす》のインクをつけ、パピルスという紙のような薄片にヒエログリフが記されるようになった。この薄片はパピルスという葦の茎の破片を平らにのばして固めたものだ（ロバート・クレイボーンは、パピルスが paper の語源になったと記している）。古代ゲルマン人は、およそ二〇〇〇年前からブナの木の薄い板にルーン文字を刻むようになったが、時には板と板をひもでくくって Buch と呼ばれるものを作った。Buch はドイツ語でブナと本の両方を指す言葉で、どちらもこのドイツ語をもとに英語に入ってきた。

いまから二六〇〇年ほど前、ユカタン半島と中米にいたマヤ人は紙にかなり近いものにヒエログリフを記していた。マヤの本は古写本《コーディス》と呼ばれ、チャールズ・ガレンカンプによれば、植物の繊維を叩きつぶしたものを天然ゴムで固め、両面を白い石灰で覆った一枚の長い「紙」でできたものだったという。植物や鉱物の顔料で複雑なヒエログリフを記すと、その「紙」を折りたたみ、木か革の表装で挟んだ。ガレンカンプは、一六世紀半ば、スペインの侵略者たちがマヤの図書館を気まぐれに破壊しつくし、後世の学者たちにとって宝物ともなったであろう貴重な情報源が理不尽に失われてしまったと指摘し、フランシスコ会修道僧ディエコ・デ・ランダに「異端審問の精神は赤々と燃えあがった」と皮肉な調子で記している。マヤの人々が頑として改宗を拒むのに激怒したデ・ランダは、マニの町にあった図書館の「異端の」コーディスを、町の広場で公開焚書するよう命じたのだった。

メキシコのシロチョウ科の一種スゴモリシロチョウの幼虫が一〇〇匹以上も集まり、協力して作るテント型の巣の壁面のシルクも、前史時代、有史時代それぞれに書き物をする材料として使われた。スゴモリシロチョウは巣を作り群棲する珍しい蝶の一種だが、近縁の蛾には、そうした群棲種が数多くある。蚕が定宿性で桑の葉しか食べないように、スゴモリシロチョウの幼虫もツツジ科のアルブッス（*Arbutus*）の葉しか食べないと、ピーター・ケヴァンとロバート・バイが報告している。リチャード・ペイグラーは、「アステカ人はこの虫をヒキピルチウパパロトラ――袋を作る蝶――と呼ぶ」と記して、テントの壁は風合いといい色といい羊皮紙に似ており、密に編まれて丈夫なので鋭い刃物でなければ切ることができないと書いている。この絹の薄布はスペイン侵攻当時のメキシコで筆記用紙として使われていた。フランク・コーワンは、「社会性イモムシのシルクの巣は……モンテクスマ（ママ）の時代、交易商品であった。また、古代メキシコ人は内側の層を貼り合わせ、白く光沢のあるボール紙にしたが、これは何も加工しなくても表面にそのまま字が書けた」と述べている。

現在のような紙は紀元前二〇〇年あるいはもっと以前に、中国で作られた。この技術はゆっくりと西へ広がった。中世まで、ヨーロッパでは羊や山羊の皮を加工した羊皮紙にペンで文字を書いていた。しかし一四世紀までに紙はヨーロッパでも広く知れ渡り、複数の都市に製紙場ができて、急速に羊皮紙を駆逐していった。もともと紙は、手作業で、木など植物の繊維をつぶしたパルプを水に浮かせ、細かな網ですくって繊維の薄い膜を作り、それを押し固めて平らにし、水分をきってから乾かしたものだ。製紙業が高度に機械化されても、基本的な工程はほぼ変わっていない。書類や本が手で写されていた頃は、作られ、使われる用紙は比較的小ぶりだった。しかしヨハンネス・グーテンベルクが一四五〇年頃独自に活版印刷術を開発した後（印刷術は一一世紀頃中国ですでに開発されていた）、書物は安価で入手しやすいものとなり、紙の需要はうなぎのぼりに高まった。一九九三年のアメリカ合衆国だけをとってみても、製造された紙は価格にして一二九〇億ドルに達する。

中国で人々がどうやって紙の製造方法を見出したかについては、ふたつの説がある。第一の説では、女性たちが衣類を洗った後の糸屑を集め、固めて乾かして紙にしたことになっている。そしてもうひとつの説が断然わたしのお勧めなのだが、スズメバチなど群れで紙製の巣を作る蜂が木の繊維を噛み砕いてパルプにし、唾液と混ぜて巣の材料になる紙を作り出すのを見て思いついた、というものだ。

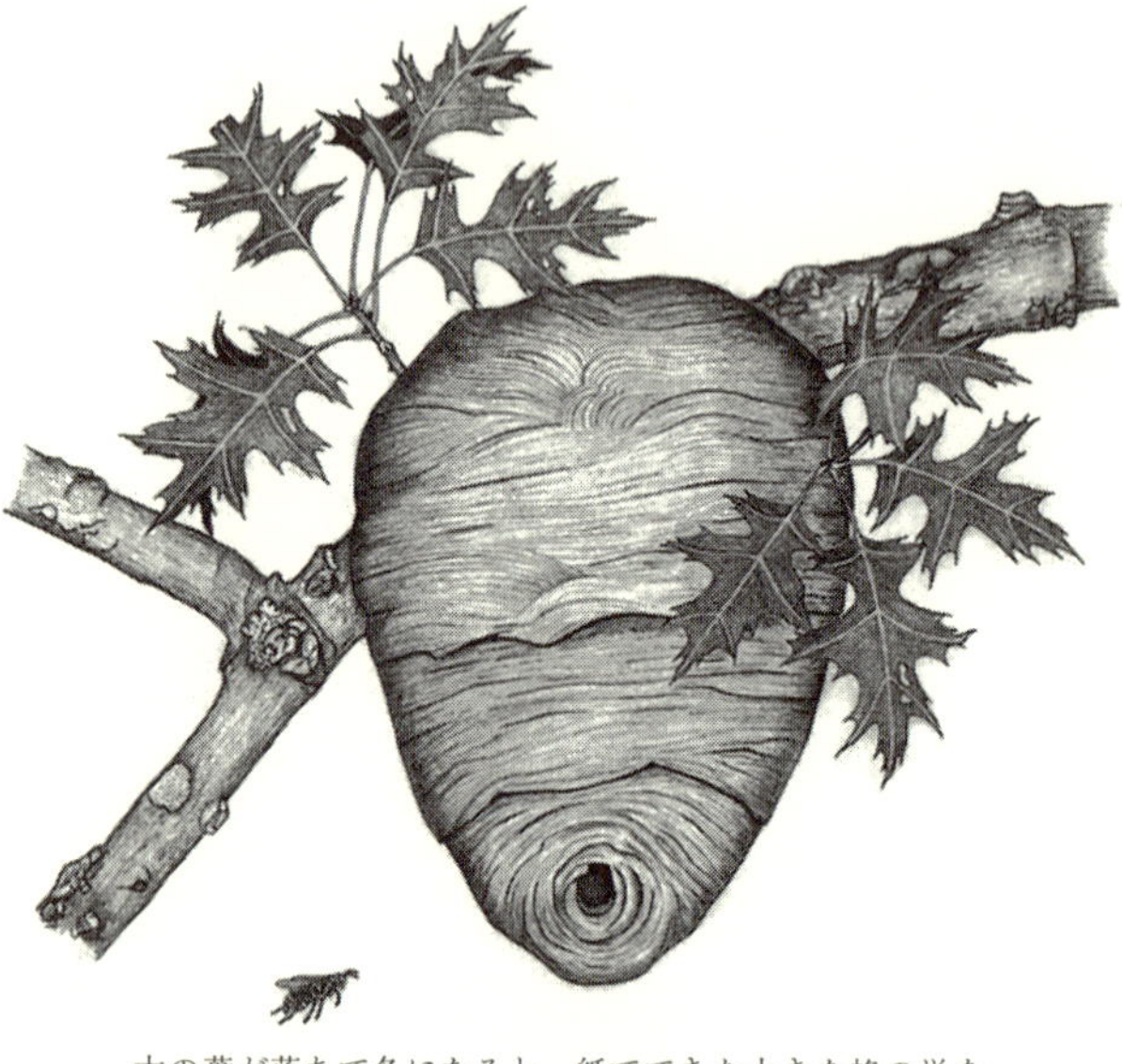

木の葉が落ちて冬になると、紙でできた大きな蜂の巣を
よく見かけるようになる

巣の外側の紙に木のパルプをつけ足す北米産スズメバチ

蜂の作る紙の巣でも特によく見かけるのは、第4章で紹介した北米産スズメバチのものだろう。灰色がかって、大きいもので直径三五センチ、長さ六〇センチほどにもなるラグビーボールのような形をした巣が木の枝などにぶら下がっているのを見かけたことがあるのではないだろうか。主のいなくなった巣は、木の葉が落ちてしまう冬、特によく目につく。これまで見てきたように、巣は幾層にもなった紙の外被に内部は広い空間になっており、そこに紙の蜂の巣が何段もつり下がっている。巣は六角形の小室が無数に集まってできている。この小室のひとつひとつに女王蜂がひとつずつ卵を産む。卵から孵った幼虫は、卵を産めない働き蜂に昆虫を与えられて育てられ、夏にはさらなる働き手となる。秋には、群れは卵を産める女王蜂を数多く産み出し、同時にその年最初で最後のオスたちも出現する。まもなく働き蜂は死に絶える。オスたちも、一匹か、あるいはそれ以上の女王蜂と交尾した後に命を落とすが、女王蜂はがけの割れ目や木の洞といった場所にこもって冬を越す。春になると女王蜂たちは新しい営巣地を見つけ、土台となる小さな巣を作って最初の働き蜂を孵す。

巣を作るとき、働き蜂は——働き蜂が孵る前に限って女王蜂も巣を作るが——立ち枯れした木や垣根、朽木、木質でない植物などから腐っていない乾燥した部分を集めてくる。J・フィリップ・スプラドベリは、パルプを集めておおよそ自分の頭と同じくらいの大きさになると、働き蜂は（すべて不妊のメス）丸めたパルプを大顎に挟んで巣に運ぶと説明している。巣の外被に到着すると、働き蜂はパルプを完全に噛み砕き、唾液と混ぜ合わせる。働き蜂は後退しながら、大顎でその混合物を外被に細長く押さえつけていく。運んできたパルプを全部つけてしまうと、「最初の場所に戻って湿ったパルプを平らに均《なら》し、さらに均一に広げる」。紙が充分に薄く延《の》びるまで、この作業が繰り返される。薄くなった紙は、ものの一分か二分で乾燥するのだ。

巣を作っている紙は、色とりどりの細い三日月形が組み合わさったパッチワークだ。集めてきたパルプが乾燥した木のものなら灰色で、朽木のパルプはさまざまな色合いの茶色や栗色、そして非木質性の植物からとってきた繊維ならば白に近くなる。

インクの原料となる虫こぶ

文字を書き、書籍や新聞や雑誌を――クリスマス前ともなると郵便受けをいっぱいにしてしまうほど配達される通販カタログですら――印刷するためのインクがなければ、紙の意義は半減する。紙幣ですら、紙にインクで印刷したものだ。紙とインクはわたしたちの頭の中でひとつに結びついている。言葉の連想問題で「紙」と言ったらたいてい「ペン」とくるし、言うまでもなく、ペンはインクを紙にのせる道具だ。驚かれるかもしれないが、紀元前五世紀の古代ギリシャ時代以来、インクを作るにはほぼ常に、ある種の昆虫が欠かせない材料になっていた。問題の昆虫は小型の蜂で、「虫こぶ」と呼ばれる腫瘍のような塊を植物、特にオークの木に作る。この虫こぶの抽出物がほとんどすべてのインクのもっとも重要な原材料になる。

「貴殿のインクに虫こぶをたんまり」というのは、シェイクスピア作『十二夜』で、恋敵に決闘を申し込む果たし状を書こうとしているサー・アンドリューに、サー・トービーがのたまった忠言だ。ふたりは知らなかったが、件の恋敵は男性に扮した女性で、決闘の申し込みは徒労に終わる。とはいえサー・アンドリューは、相手を「インクを惜しまず思うさまなじれ」と言われ、先に挙げた助言を受けるのだ。有名なこの台詞は掛け言葉で、虫こぶにあたる英語の gall にはふたつの意味がある、というより、実際にはふたつの別々の言葉なのだ。ひとつはラテン語の galla からきていて、昆虫が植物に作る癭瘤《えいりゅう》、つまり虫こぶで、サー・アンドリューが果たし状を書くためのインクを示唆している。もうひとつは古英語の gealla から派生した言葉で、癇癪や激怒、復讐心を意味し、恋敵に挑戦しようとするなら、相応の豪胆さがなければだめだとサー・アンドリューにほのめかしているわけだ。

植物にできる癭瘤――虫こぶや菌こぶとも呼ばれる奇態な腫れものは、ウィルスやバクテリア、菌類やイモムシ、ダニによっても作られる。だがほとんどが昆虫によるもので、P・J・ガランとP・S・クランストンによると、虫こぶの原因となる昆虫は実に一万三〇〇〇種におよぶ。虫こぶを作る昆虫は、植物食昆虫の多くと同様、好みがうるさくてごく近縁の数種の植物しか相手にせず、しかもたいていは植物の決まった部位にしかつかない。葉、茎、芽、花、あるいは根だ。一般的に、決まった昆虫がその種に特有の虫こぶを作り、虫こぶの形と虫こぶができている場所、さらに虫こぶが作られた植物を見れば、どの虫がその虫こぶを作ったかを見分けることができる。

虫こぶを作る昆虫には、ほかに、アブラムシ、アザミウマ、ゾウムシ、蛾などがある。だが、アーサー・ワイスとメイ・ベレンバウムによると、北米で一七〇〇種いる虫こぶ昆虫の七〇パーセントが、ふたつに分類できるという。蠅の仲間とタマバチの仲間だ。後者のほうが、インクの原料になる虫こぶを作る虫だ。

虫こぶの原因が昆虫にあることは、一七世紀までは知られておらず、その頃イギリスのマーティン・

リスターとイタリアのマルチェロ・マルピーギがそれぞれ別個に、虫こぶの原因を突き止めた。マーガレット・フェイガンは述べている。

虫こぶの本当の由来が知られるまで何世紀もの間、虫こぶは植物性の物質によくあるように、薬品のひとつとみなされ、その位置を保っていた。発生の由来がわからないため、学者の間にまで奇妙な迷信が広まり、特に中世においては、虫こぶは神秘の株であると大真面目に記録され、翌年の出来事を占う道具として使われた。虫こぶにはウジ、蠅、クモがいるとされ、これらはいずれも何らかの不運の象徴だ。もし虫こぶの中身がウジであれば翌年は飢饉になり、蠅ならば戦争、クモならば疫病が流行る。この占いは記録にもとられ、何世紀にもわたって、西洋社会ではじめてマルピーギが虫こぶの本当の由来を見出した後でさえも、続けられていた。

タマバチの虫こぶ作りは、まずメスが尖った産卵管を、自分の種の好む植物の特定の部位に突き刺し、卵をひとつ産みつけることからはじまる。どの植物を宿主に選ぶかにかけては、タマバチはこだわりが強い。一九四〇年にエフレイム・フェルトが、当時知られていたアメリカのタマバチ八〇五種のうち、七五〇までがオークの木にしか虫こぶを作らないと報告している。タマバチはまた、卵を産む場所にもうるさくて、およそ三二パーセントが葉、二二パーセントが小枝など木質の部位を選び、そのほかは根、あるいは芽、花、殻斗果《かくとか》に産みつける。タマバチ科の下位分類、インクタマバチはすべてオークを好むが、インクタマバチのどれかひとつの種が使う木の種は限られているし、すべての種が同じ木を使うことはない、とアルフレッド・キンゼイは述べている。インクタマバチ属のほぼすべてが、葉に卵を産みつける(アルフレッド・キンゼイについては注釈が必要だろう。人間の性行動の研究で名声を得たキンゼイだが、まず昆虫学者として研究生活をスタートし、インクタマバチのすぐれた専門家だった。一九二九年、キンゼイはこの属のうち、当時のアメリカ合衆国で知られていた九三種を取り上げた五〇〇枚におよぶ研究論文を発表したが、これは今日でもまだ充分な利用価値がある。一九四二年にはインディアナ大学性行動研究所の所長となり、かの有名なキンゼイ・レポート――『人間に於ける男性の性行動』(一九四八年)と『人間に於ける女性の性行動』(一九五三年)を世に問うことになった)。

虫こぶの発生とその特性には、虫こぶの成育を促す誘発剤を分泌する昆虫と、それを受けて通常の成長パターンを変える植物との相互作用がうかがえる。虫こぶは、大きさ、形そのほかの特徴こそさまざまだが、タマバチが作り出す虫こぶは常にその種特有のもので、多くの場合、虫こぶの特徴からそれを作った種を言い当てることができる。たとえば葉にできたインクタマバチの虫こぶは、種によって異なる形をしている。その中でもよく知られているのが「オーク・アップル」で、ピンポン玉くらいの大きさの表面が滑らかな球だ。これより少し小ぶりで、ハリネズミみたいに短い棘が突き出したものもあり、細長くて薄い、角のようなこぶもある。

タマバチについて、ブライアン・ホッキングはこう書いている。

「この塊の中で胸の躍るいくつものさまざまな出来事が起こった後に――貪欲なインク作り職人に採取されずに済めば――塊から新たな個体(タマバチ)が現れ、彼女が巣立った証として表面に小さな丸い穴が残される」

いつもいつも、こんなに簡単に事が運ぶわけではない。むしろこのように運ぶ場合のほうが稀かもしれない。わたしがガラス瓶に入れて自分の研究室に置いている虫こぶからは、ほとんどの場合複数の違

オークの葉に、直径5センチ程度の
オーク・アップルと呼ばれる虫こぶを作る、小さなタマバチ

った種類のタマバチが出てくる。おおむね五種から六種だが、一〇種以上になることもある。そのうちの一匹が虫こぶを作った主だろうが、それ以外は人さまの虫こぶ組織のおこぼれにあずかるたかり屋か、虫こぶの主やたかり屋に寄生する者かもしれないし、ひょっとしたら寄生者に寄生しているものまでいるかもしれない。

異なる種が混じった虫こぶは、普通は異なる組織がいくつも同心円状に層になっていて、外部も内部も単純な虫こぶとは構造が違っていることが多い。キンゼイは、多くの昆虫学者が四層だと考えたが、彼の見立てでは五層からなるきわめて複雑な構造の虫こぶについて、つぶさに記録している。幼虫が棲む空洞の周囲はたんぱく質や糖、脂肪などが豊富な養分層で、幼虫はこの層を餌にする。栄養層を取り巻いているのが硬い保護層で、その外側はスポンジ様の組織だ。この層をキンゼイは二層であると考えた。最後の、虫こぶの一番外側の壁は滑らかである場合もあるし、毛や棘が生えていることもある。

インクは、紀元前三世紀に中国で紙が作られはじめるより少なくとも二〇〇〇年前から、羊皮紙やパピルスに記すのに使われていた。ホッキングによると、早くも紀元前五世紀、古代ギリシャの人々は「没食子の性質を知り、湯につけて溶けだした成分を酸で溶解した鉄と混ぜると真っ黒な混合物ができるとわかっていた。この産物が……二〇〇〇年以上にわたって主にインクとして流通していた」という。没食子の知識は広く伝播していた。フェイガンは、中世ヨーロッパでもこのインクがよく知られており、九世紀から一〇世紀にかけて僧が写本に用いていたと述べている。

コーワンは、「商品として流通する虫こぶは一般に没食子、ふしと呼ばれ、レヴァント（中東）に生えるオークの一種にタマバチの一種が卵を産みつけたものだ。これは染め物やインク・皮革製造に非常に広く使われ、工芸においてとても重要な地位を占めていた」と解説している。この虫こぶは、シリアの都市の名にちなんでアレッポ・ゴールとして知られており、中東では今日でもなお採取されているが、その数は大幅に減っている。コチニール同様、大方合成品にとってかわられたからだ。

アレッポ・ゴール――であれ、そのほかのオークの虫こぶであれ――を煮るとタンニンが出る。この種の虫こぶはタンニンの含有率が高く、フェルトによると六五パーセントになるという。鉄を酸で溶かすと硫酸鉄などの塩鉄ができ、通常これをタンニン溶液と混ぜてインクを作る。紙にのせると、青っぽい黒のインクははじめのうちはかろうじて見えるくらいに淡いが、時間が経つにつれて濃くなっていき、やがて水ににじまない恒久的なものになる。インクの色を濃く、すぐに見えるようにするために、染料が添加される。現在でもわたしたちの用いるブルーブラックインクの主原料はタンニンだが、カラーインクや非水溶性インクの添加剤はもっぱら合成品だ。だが合成品は強い光を浴びると色が褪せてしまう。

没食子のインクは、記録を残すためになくてはならぬもの（sine qua non）となっていった。フェイガンの記述を引用する。

九世紀から現代（一九一八年）まで、没食子は、実質的にあらゆる良質な黒色インクと記録用インクの原材料に加えられていた。アレッポ・ゴールはインク製造には最良と考えられているが、そのほかにも、モレア・ゴール、スミルナ・ゴール、マルモラ・ゴール、イストリアン・ゴールといった良質な虫こぶがあり、さらにはフランス、ハンガリー、イタリア、セネガル、ベルベル……などからも産出される……

一八九一年、マサチューセッツ記録委員会は「公文書に用いるインクと紙」に関する報告書を作成し、その中で没食子のインクの優秀さが認証されている。没食子から作られるインクは、正しい製法で作られたならば、恒久性にすぐれ、仮に文字が薄れてきても虫こぶ溶液やタンニンで修復できるという利点があるとされている。虫こぶと鉄の溶液のかわりに別の色素を一部でも用いたものは、インクの質を損なうという。

印刷は文字だけでなく図版を作ることもできる。そして、誰もが知るように、一枚の絵は千の言葉に匹敵する。図版印刷の方法でもっともすぐれているとされるもののひとつがリトグラフで、この印刷術にはミツバチが分泌する蝋が重要な役割を果たす。バイエルン地方で産出するリトグラフ用石灰岩の板の表面を研磨し、そこに元来は蜜蝋で作られたクレヨンで図案を描く（余談だが、爬虫類と鳥類とをつなぐ「ミッシングリング（失われた環）」とされる始祖鳥の化石が発見されたのは、この石灰岩の採石場だ）。図案を記した後、石版を水で濡らす。すると石全体は湿り気を帯びるが、蝋の脂質は水をはじく。油性インクのローラーを石版に転がすと、蝋で描かれた線にはインクがなじむが、水と油は反発するため、何も描かれていない濡れた石面にはインクはのらない。この石版に紙を押しつけることで、図案が印刷されるというわけだ。

次の章ではある種の昆虫――人々が食用にする昆虫とさらに懇意になろうと思う。世界の総人口の四分の一を占めるわれわれ西洋人同様、読者諸氏も意識しては昆虫を食したことがないかもしれない。だが西洋人以外の文化圏の人々は昆虫を食べる――飢えているからでもほかに食べ物がないからでもなく、昆虫が好きで、ごちそうだと考えているからだ。

第7章

時にはごちそうとなる昆虫たち

香ばしくておいしいフライドイモムシ

イリノイ自然史調査所の昆虫学者グループが催したパーティの会場に着くなり、わたしは入り口で主催者のひとりに出迎えられ、フライドイモムシを山盛りにしたボウルを突き出された。フライになったイモムシたちは一般にオオタバコガといわれる蛾の幼虫で、トウモロコシの皮を剥くと、穂軸にへばりついて実をむしゃむしゃ食べているのを見つけることがある。まるまると太くて大きなイモムシだ。ほかの招待客全員がそうされたように、わたしもおひとつどうぞと勧められた。おいしそうに見えなくもなかった――フライドポテトよろしくかりかりときつね色をしていたが、正直言って食べたいという気は起こらなかった。西洋文明に生きる大半の人と同様に、わたしはそれまで意図して昆虫を口に入れたことはなかったし、そのときも食べる気はさらさらなかった。けれども何度か勧められ、わたしはついにひとつつまみ、甚だ恐れおののきながらも口に放り込んだ。その香ばしくて美味だったことといったら！　その日の客のほとんどがそうなったらしいが、わたしも手が止まらなくなった。まことに、フライドイモムシは、ポップコーンなみに病みつきになるものだ。

古代ギリシャ人もローマ人も、昆虫を常食していた。ヴィンセント・ホルトによると、古代ギリシャ人はとりわけセミ、それも「卵がぎっしり詰まった」メスの上品な味わいがことのほかお気に入りだったそうだ。ローマの食通は、「（ある大型甲虫の）幼虫を、穀物の粉とワインで太らせて食用にする」の

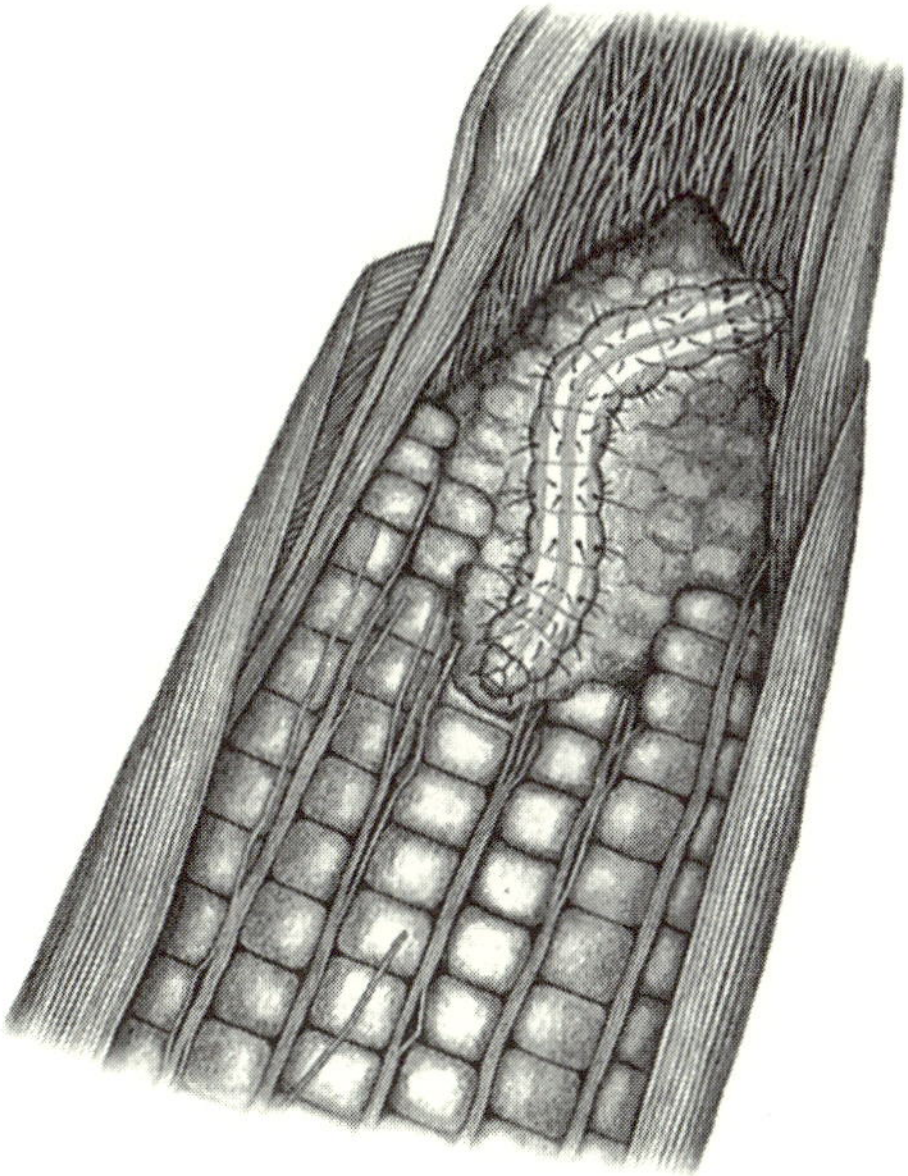

トウモロコシの実を食べるオオタバコガの幼虫

が習いだったという。

　聖書はイスラエルの民に、「しかし羽があって群生し四つ足で歩き回るもののうちで、その足の中にはね足を持ち、それで地上を跳びはねるもの……、イナゴの類、毛のないイナゴの類、コオロギ、バッタの類は」食べてもいいと助言している（レビ記、一一章二一節〜二二節）。これは、そのほかのあらゆる「翅のある這うもの」を食べることを禁じている旧約聖書にあって、いたって実際的な例外だった。というのも、中東では定期的にイナゴが大発生して、およそ緑色のものなら何でも食べつくし、作物を根絶やしにしていたからだ。ならば飢饉のときに、作物を台無しにしたイナゴを食べて何が悪い？　大発生するイナゴは天文学的な数なので、苦もなくいくらでもとることができた。乾燥させて貯蔵して、しかるべく調理すれば、おいしくて栄養満点の食材なのだ。

　ところが今日では、西洋社会の人々は何の根拠もなく、説明のつけようもない偏見を抱いている。ちょうどわたしがそうであったように、昆虫は不潔で胸糞悪くて食べ物にするなどおぞましいことこのうえないと決め込んでいる。一九三七年にハーバート・ノイズが侮蔑もあらわに書いた文章は棘に満ち満ち、昆虫食に対するこの手の偏見が如実にあらわれている恰好の例だ。

「人類が進化の現段階に達する以前、大宇宙における人類の至高の役割に目覚め、これを自覚する前には、人々はシロアリを食していた。肌の黒い未開の同胞は……今日もなお同じことをしている」

　なぜこのような偏見が生まれたのか、首をひねらざるをえない。われわれの文化も、聖書の言葉に枠をはめられたとはいえ、つまるところ古代ギリシャとローマに端を発しているのだし、その人々は昆虫を好んで食べていたのだ。それにわたしたちだって、ロブスターやザリガニ、カニやエビといった節足動物——海棲昆虫といってもいい昆虫の親類を喜んで食べているではないか。さらにはまた、中国や日本など多くの文化圏で、昆虫はおいしくて栄養のある食材として好まれている。イギリスの昆虫学者リチャード・ヴェイン＝ライトは、アフリカにいるとき三歳になる娘がアフリカテツボクにつくイモムシのフライを夢中になって食べたと書いている。もっとも娘さんの好き嫌いは、その時点ではまだ西洋の偏見に染まってはいなかったとも書かれているのだが。

昆虫食と西洋社会

一八八五年、ホルトは、昆虫を食べるということに、西洋社会がどれほど激しく、またあまねく偏見を抱いているかを如実に示す逸話を紹介している。マルコの福音書には、洗礼者ヨハネがイナゴと蜜を主食にしていたと記されている（一章六節）。ところが聖書研究者のうちには、仮にもイエス・キリストに洗礼を施したほどの人物が、イナゴなどという――彼らの観点では――おぞましい生き物を口にするなどという愚行を冒したはずがないことを証明しようと、たいそうな骨を折る者たちがいた。中東の人々がいまもなおイナゴをおいしくいただいているというよく知られた事実をまったく無視して、件の研究者たちは「イナゴ」と訳された単語が実は「食用になるイナゴマメの莢《さや》」と訳されるべきであったと、もっともらしいこじつけを長々と論じた。それから数十年後、J・ベカートはギリシャ正教の司祭に、ギリシャ正教では「イナゴ（locust）」（訳註：原語の locust はバッタを指すが、聖書では一般に「イナゴ」と表記されており、ここではそれに倣った）の語をイナゴ以外に解釈したことなどなく、まして植物と考えるなど笑止千万と笑われたという。

トノサマバッタに襲われて大凶作に見舞われた折の中東の農民とアメリカの農民の反応を比べてみると、昆虫食に偏見を抱くのがいかに理にかなわないかがよくわかる（一九世紀には、中西部の農作物はいまは絶滅したトノサマバッタにたびたび壊滅的な被害を受けた）。アメリカの偉大な昆虫学者の草分けのひとりであるチャールズ・ヴァレンタイン・ライレーは、一八七四年のバッタの大被害の後、カンサス州とネブラスカ州で多くの人が「決定的に食物が足りず」文字通り「墓穴の縁まで行った（死の瀬戸際に追い込まれた）。ミズーリ州では実際に餓死する者が出たとセントルイスの新聞が報じた」と報告している。飢餓に直面しても、アメリカの農民は――聖書の言葉を顧みず――バッタを食べようとは考えもしなかった。ライレーはバッタを食べる効用を説くことさえしたのだ。餓死しかかっているその人々から嘲笑され、不興を買い、物笑いの種にされることを承知のうえで。

ところで昆虫は、人間にとって本当に栄養になるのだろうか。哺乳類や鳥類の一部が昆虫だけを食べて生命を謳歌していることから察するに、きっと栄養になるものと考えられる。人間をはじめ、どの動物でも必要な栄養素は必要とする割合がそれぞれ異なるだけで基本的に同じであり、たんぱく質と炭水化物、脂質、それにこれもまた種によって異なる組み合わせのビタミンとミネラルだ。北米の町の上空をすいすいと飛び交うエントツアマツバメを見てみよう。日中ツバメはほぼ絶え間なく飛んでいる。ツバメたちが消費する莫大なエネルギーの源は、空中ですばやく捕まえる昆虫だけだ。

アフリカに棲むアフリカアリクイは、蟻とシロアリ以外にはほとんど何も食べないが、それでも体重六〇キロ近くまで大きくなる。アトリの仲間など、草食の鳥でも、子育て中の親鳥たちは相変わらず草

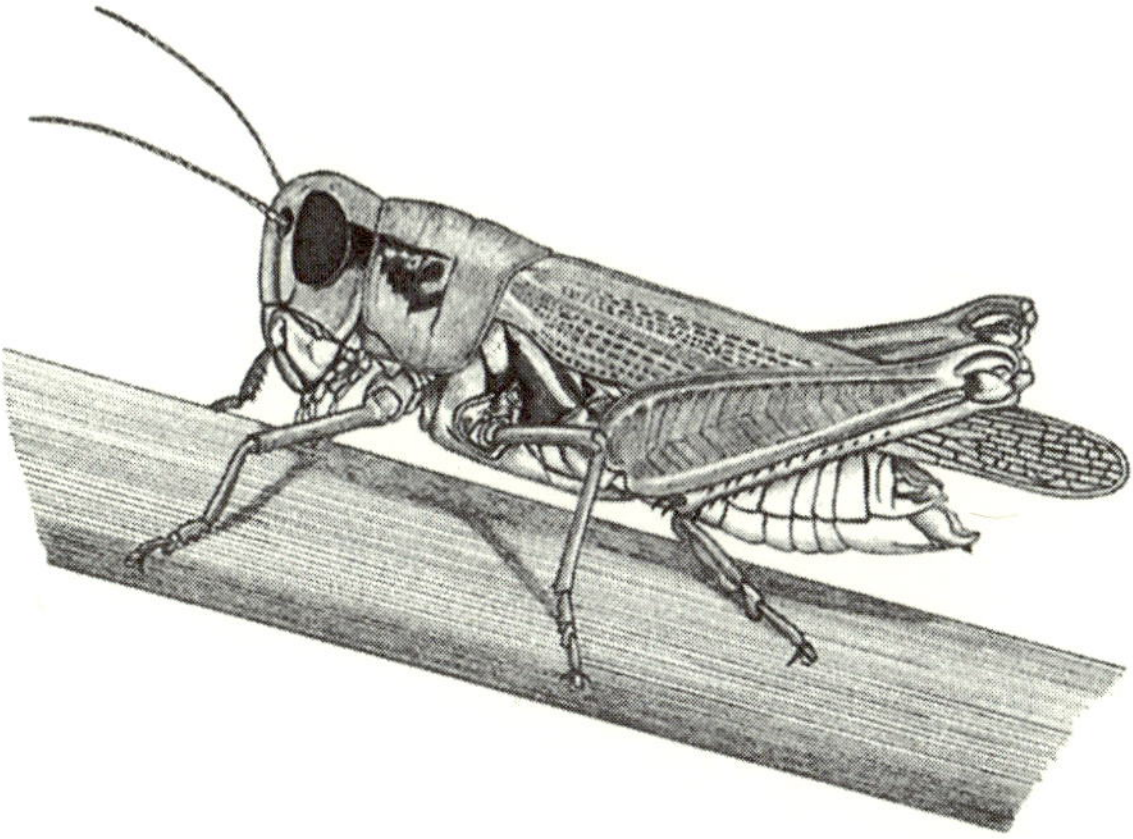

アメリカの草原に自生するヒメアブラススキの太い幹に止まる
アカアシバッタ。中西部では絶滅したトノサマバッタの近縁

食のままだが、急速に成長する雛を養うのには昆虫だけ与える（鳥類学者のジョスリン・ヴァン・タインは、くちばしにいっぱいイモムシをくわえたショウジョウコウカンチョウが餌台に降り立ってくわえていた虫を下ろし、ヒマワリの種をいくつかついばむと、再び虫をくわえて巣に戻り、雛にイモムシを食べさせるのを見たという）。

一般的にいって、昆虫はビタミンとミネラルが豊富だ。また脂質と炭水化物の含有量も、多くの動物に必要な熱量源としては充分で、不足しがちなたんぱく質にも富んでいる。ロナルド・テイラーによると、生の牛肉、鶏肉、カレイのたんぱく質含有量は、順に一八、二二、二一パーセントだが、もっとも多く食用されている昆虫三種のたんぱく質含有量はこれより多く、生のシロアリ、イナゴ、蚕の場合、順に二三、三一、二三パーセントだという。

もちろん中には有毒な昆虫もいるし、食用に適さないものもあるが、ジーン・デフォリアートが一九九二年に記している言葉は含蓄がある。「けれども長きにわたって人類が食用してきたことを考えると、食用のためにあえて採集された昆虫が何らかの健康被害をおよぼすとは考えにくいし、そのような証拠もほとんどない」。また、植物の中には有毒なものがあるからといって、わたしたちが果物や野菜を食べ渋ることはないという事実も、考え合わせてみるといいだろう。

いずれにせよ、わたしたちは誰でも、知らず知らず昆虫を口にしているのである。それは避けられない。どのような食物にも、昆虫まるまる全身か、少なくとも一部は含まれている。というのは、作物が栽培され、収穫され、輸送され、貯蔵され、加工される間に、昆虫の痕跡を完全に除去することは、事実上不可能だからだ。

たとえばケチャップを作るときに昆虫の体のほんのひとかけらも入り込んでいない製品を製造するこ

とはできなくないかもしれないが、それには気の遠くなるような作業が必要で、ケチャップの価格は天文学的に――おそらく一本数百ドルに――はね上がるだろう。それがよくわかっているから、アメリカ食品医薬品局（ＦＤＡ）も、昆虫に「汚染」された食品は一切認めない、などという非現実的な要求はしていない。そのかわりＦＤＡでは、食品にどの程度まで昆虫が混入しても許されるかという規制値を設けている。例を挙げると、冷凍ブロッコリーでは一〇〇グラムあたりアブラムシ六〇匹まで、ピーナッツバターは一〇〇グラムあたり昆虫の断片三〇まではよしとされる。この規制値というか許容値は、保健福祉省発行の「欠陥食品限界水準」で定期的に発表されている。

西洋人の中にも、わずかながら昆虫食への偏見を捨てる例外はある。一九九九年に発表した長い評論文において、デフォリアートは「西洋人であっても、先住民の伝統食文化に触れると往々にして熱烈な愛好家になる」と書いている。その例として彼は、近年のオーストラリアで「奥地の食べ物」、すなわちオーストラリア先住民の食への関心が爆発的に高まっていて、その中には昆虫食も含まれることを紹介している。「奥地の食べ物は、観光客がよく訪れるホテルやレストランで日増しに人気を集めるようになってきている」うえ、シドニーの洒落たレストランでもメニューに加えられるようになっている。中でも人気のある虫は、オオボクトウの幼虫だとロン・チェリーはいう。これはキクイムシの一種で、ボクトウガの仲間だ。ノーマン・ティンデールによれば、「熱した灰に包んで軽く焼くと、グルメもうならせる美味」だという。

一方西半球では、「ハキリアリ……現地語では hormigas culonas、俗名ビッグ・ボトムド・アリが（コロンビアの）国民的珍味で、ロシアのキャビア、フランスのトリュフに匹敵する価格で珍重されている」とデフォリアートは記している。こんがりと焼くと、「コロンビアでは並ぶもののない美味」だと多くの人が絶賛する。古くは一六世紀、はじめのうちは躊躇していたスペインの征服者たちも、すっかり焼き蟻にはまったという。

メキシコの先住民は、スペインの侵略者たちが来る前からさまざまな昆虫を常食していて、いまでも食べている。ヨーロッパ人の血を引いたメキシコ人も、そうした昆虫のいくつかは好んで口にするようになった。デフォリアートは、「食用昆虫が目立つのは地方の市場だけでなく、メキシコ・シティなどの都市部でも高値をつける種があり、さまざまな経済階層の人々が昆虫を食用に買い求め、また、レストランでも高級食材として提供されている」と書いている。

特に人気のあるのはエスカモーレと呼ばれる蟻の成虫になる前の段階、特に蛹だ。タマネギとニンニクと一緒に炒めると、えもいわれぬうまさだという。「メキシコではあらゆる社会階層の人々がエスカモーレ炒めを食べ、とびきりのごちそうと考えられているため、歌や踊り、お祭りの題材にまでなっている」とはデフォリアートの報告だ。メキシコ・シティのレストランでは、エスカモーレ炒め一皿が二五ドルもする。この蟻は、アメリカ合衆国や日本などに輸出されていて、カナダではほんの三〇グラムほど入りの缶が一九八八年の価格で五〇カナダドル（米ドルで三〇ドル以上）だった。

二〇〇五年六月二三日のシャンペーン・アーバナ・ニューズ・ガゼット紙に掲載されたAP通信電によると、メキシコ・シティの高級レストランでは、リュウゼツランにつくイモムシのフライにアボカドソースを添えた料理が、一二匹一皿で四〇ドルもするそうだ。この「イモムシ」はセセリチョウの幼虫で、リュウゼツランの長くて尖った葉に穴を掘って棲みつく。

リュウゼツランは別名センチュリー・プラント（世紀植物）などともいい、その樹液を発酵させ、蒸留してテキーラを作る。おなじみのマルガリータのベースになる酒だ。テキーラがまがいものでないのを「証明」するために、昔からボトルに一匹このイモムシを入れておくのが習わしで、物知りな地元の酒屋の店員が、いまでもイモムシ入りのテキーラがあると教えてくれた。それどころか、一本に二匹入れている銘柄もあるそうだ。このメーカーはドス・グサノス（二匹のイモムシ）という。一方でインチキをするメーカーもあり、セセリチョウの幼虫でないイモムシを入れていたり、イモムシですらないものを入れていたりすることもある。

古代でも現代でも、メキシコでは水生昆虫であるミズムシの卵がメキシコ・シティの市場で常時売られる。

メキシコ・シティ周辺の湖沼では天文学的数のミズムシ科昆虫が発生するため、成虫も卵もこのあたりではきわめてありふれた人間の食料なのだとW・E・チャイナは書いている。フリードリッヒ・ボーデンハイマーが報告しているように、イグサの束を浅い水辺に浸すと、たちまちのうちに卵が産みつけられる。およそひと月後、何千という卵に覆われた束を引き上げて乾かし、布に打ちつけて乾燥した卵を振り落とす。

チャイナによると卵は「そのままで……あるいは粉と混ぜて焼き上げ、青トウガラシと一緒に食べる」そうだ。

セセリチョウの幼虫が入った
メキシコのメスカル酒の瓶。
セセリチョウはマゲイ（アガベともいう、
リュウゼツランのこと）につく虫

昆虫食への偏見

日本や中国をはじめ、アジアの人々には、いまも昆虫食への偏見などない。東アジアではあらゆる階層の人々が多種多様な昆虫を食べていて、どちらかといえば窮乏のゆえに仕方なくというより、食通のグルメ食になっている。そうした人々は、好きだからこそ昆虫を食べるのである。

たとえば体長が七センチほどにもなる大きなタガメは、自分も水生昆虫や小魚を食べるが、ミャンマーや中国、インド、インドネシア、ラオス、タイ、ベトナムでは食用になっている。一九六九年、ロバート・ペンバートンはタイの稲作地帯で四方八方に飛散するタガメが大量に採集されるのを目撃した。W・S・ブリストウは、タイではこの虫が「マングダ（mangda）」と呼ばれ、「バンコクで貴族の食卓にも上る」ごちそうであると紹介している。マングダは蒸してエビのソースに漬け、カニを食べるような按配で割いて食べる。ゴルゴンゾーラチーズのような味がするという。

ペンバートンは、カリフォルニア州バークリーのタイ食材店でマングダが一匹一・五ドルで売られているのを見つけたが、彼がいうには、タイの人々は「虫をまるごとつぶして粉にし、塩、砂糖、ニンニク、エシャロット、魚醤、ライムジュース、それに辛いタイのトウガラシと混ぜてすり鉢ですり」ナムプリック・マングダという香辛料を作るそうだ。このペーストは主に野菜のディップや、ご飯のトッピングに使われる。

とびきり現代的で完璧なる文明人である日本人も、特別なごちそうとして虫を食べる。デフォリアートは一九九九年に、「歴史上、また現代でも日本においてもっとも広く食用されている昆虫は田に生息するバッタの仲間で『イナゴ』と呼ばれ……炒って醬油で軽く味つけして食べる」と書いている。一九四六年から四七年にかけて占領軍の一員としてわたしが東京にいた頃、通りでは乾燥したイナゴが籠いっぱいに並べられて売られていたものだ。これはＤＤＴなど「夢の殺虫剤」が大々的に使用されるようになる前のことで、以後はイナゴも激減した。だが昨今は殺虫剤の使用が減ったため、バッタ類の棲息数も増大し、「イナゴはいまも高級品ではあるが、食卓に上るようにもなったし、スーパーやレストランでも見られるようになっている」という。

ミツバチやスズメバチの幼生、ハチノコは、現代の日本でイナゴに次ぐ高級珍品だ。チャールズ・レミントンは、日本人の動物学教授からハチノコを採集する方法のひとつを教わった。まず少量の火薬を長い棒で地中の巣に押し込む。導火線に点火して火薬が爆発すると、蜂はショックで刺さなくなる。そうしてはじめて、ハチノコを取り出せるのだという。生のまま、あるいは佃煮にして白飯にのせて食べる。

一九八七年、病床にあった昭和天皇が、ほかの食べ物は受けつけなかったのに、ハチノコとご飯だけは食べられたとする日本人の記述をデフォリアートが紹介している。また、ペンバートンとヤマサキによれば、一〇〇グラム入りハチノコの缶詰が東京の高級百貨店三越で、二〇ドルで売られているそうだ。ふたりは、「昆虫など日本の伝統食は、ガラスと鉄鋼のビルが林立し、ファストフード店が立ち並ぶ東京のど真ん中でも、古きよき日本を体験するよすがになる」と解説している。

アジアの広い範囲、おそらく絹を生産している地域ではどこでも、絹糸をとった後に残った蛹も無駄にはしない。食べ物になるのだ。ロナルド・テイラーは、繭から絹糸を紡ぎ出す紡糸工場には、おいしそうな匂いが充満していると記している。おいしそうな匂いがするのも道理で、絹糸をとるには繭をまず熱湯に漬けなければならず、そうすると繭の中の蛹は熱で料理されてしまうからだ。「絹糸を紡ぐ女性工員の目の前には、いつもできたてほやほやのおつまみがふんだんにあり、長い労働の合間のおやつになる」

女性工員たちが食べきれない蛹は、そのままで売りに出されたり、乾燥させて保存されたりする。どちらも特別なごちそうと考えられている。テイラーの見たところ、新鮮な蛹の調理法はいろいろあって、油で揚げてレモンバームと塩で味付けされることもあるし、キャベツと一緒に煮込んだスープもまた格別らしい。乾燥した蛹は水で戻してオムレツに入れたり、シンプルにタマネギとソースで炒めたりされると、ボーデンハイマーはいう。

食料源として蚕の蛹は決して馬鹿にならない。インドでは毎年乾燥蛹の粉末二万二〇〇〇トンが食用および飼料になる。デフォリアートの報告にもあるように、蚕の蛹はたんぱく質に富んでいて、乾燥蛹で六三パーセント、脱脂した粉末蛹で七五パーセントがたんぱく質だ。

西洋社会が昆虫食に偏見を持っていることは、ふたつの不幸を招いている。ひとつはさほど重要ではないが、まことに美味で栄養価も高い食物を西洋人が口にする機会を狭めていることだ。そしてふたつめ、それよりずっと深刻なのは、第三世界の飢餓に苦しむ人々が、伝道師や開発援助の役人といった西洋人からもたらされる偏見を知り、伝来の昆虫食を、完全に放棄したがっているとまではいえないまでも、忌避するようになってきていることだ。デフォリアートの言によれば、アフリカでは教育を受けた人々が、先住民の間に昆虫食をはじめとした伝統が残っていることを認めたがらなくなっているという。同じようにパプアニューギニアでも、人々は「昆虫を食べるのは『未開の行為』で、文明が発達するにつれて捨てなければならないものと信じるようになっている」とデフォリアートは書いている。わたしの主治医であるナイジェリア出身の人物は、祖母にシロアリを食べさせられたことがあるが、それ以来昆虫は口にしていないと言った。ジンバブエでは、少なからぬ人が、伝統食のイモムシを「未開の食べ物」と言われて食べなくなっているそうだ。

昆虫食は、世界中のいわゆる「未開の」人々の多くが長い間培ってきた伝統だ。食事全体に占める量はさほど多くないとしても、彼らの食生活の重要な部分を占めている。栄養価が高く、肉や魚を食べられる量がほとんど、あるいはまったくない人々には、小さなイモムシが重要なたんぱく源になる。コンゴ民主共和国では、人間の手に入る動物性たんぱくの二〇パーセントを昆虫でまかなっているし、地域によってはその数値が六四パーセントにもなる。ザンビアでは、一一月から二月にかけての「空腹期」中、イモムシが手に入る動物性たんぱくの四〇パーセントを占める。パプアニューギニアで、人々が必要とするたんぱく質の三〇パーセントは昆虫を食べることで満たされているのだ。

先住民たちのごちそう

これまで昆虫は、世界中で、すべてとはいわないまでもかなりの数に上る、いわゆる先住民族の主たる栄養源となってきたと考えられる。その中には、アメリカ先住民も含まれる。手に入るわずかな資料によれば、世界中で人が食用にしている昆虫の種類は、少なく見積もっても七〇〇種あるという。だが実数は間違いなくはるかに多いだろう。現在知られている九〇万種の昆虫のうち、食用にできて、しかもうまい虫は数万種はくだらないのだから。

アメリカ先住民も、征服されてヨーロッパ文化に適応させられる前は、多種多様な昆虫を食べていたに違いない。いまでも昆虫を食用にしている先住民はいる。かつてユタ州の先住民は、グレートソルト湖の湖畔に打ち上げられてくるミギワバエの蛹を何百万匹となく採集していた。またボーデンハイマーの記述では、カリフォルニアのモドック族は、ピット川に張り出した枝の葉に大量に群がるシギアブを枝をゆすって川に落とし、下流を丸太でせき止めておいて成虫と卵を捕獲した。一日で一〇〇ブッシェル（一ブッシェルはおよそ三五リットル、二七キロ）もとれることがあったという。

「現代のアメリカ合衆国で、大きなスーパーやファストフード店に歩いていける土地に住むアメリカ先住民でも、ヤママユガの一種の幼虫を集めて食べるのを好む人々はいる」と、エリザベス・ブレイクとマイクル・ワグナーは報告している。

「巨大でどっしりした幼虫は体長五センチ以上にもなり、カリフォルニアのパイウート族の人々はピウガと呼んで、昔から常食している」

このヤママユガの幼虫はセイヨウマツ類の針葉を食べ、二年生のため二年に一度しか手に入らない。一年目、気候が涼しくなると成長途上の幼虫は餌をとるのをやめ、枝に集まって固まる。次の年の春になって摂食を再開すると、七月の第二週か第三週には充分に成長し、摂食していた木の幹を這い下りて脱皮し、土の下の浅い穴で蛹になる。パイウート族は木をぐるりと囲んで浅い溝を掘り、そこに下りてくる幼虫を追い込むのである。数時間おきに幼虫を集めては、焚き火で熱した砂に埋めて、およそ一時間かけて焼き上げる。その後、広げたシートに並べて二週間近く乾燥させるのである。干したピウガは、昔は乾燥して涼しい場所に建てた小屋におき、一年でも二年でも保存しておいた。いまでは冷凍保存される。あぶって干したピウガは、食べるときには水や塩水で一時間ほどゆでて柔らかくすればおつまみになる。収穫量も少なくない。J・M・オルドリッジによると、一九二〇年、パイウート族のある集団の人々が集めて加工したピウガは、一・五トンにおよんだということだ。

オーストラリアに先住する人々は、かつては栄養源としておおいに昆虫に依拠していて、割合は減ったものの、いまでもよく食べる。おそらく狩猟採集民族の中でも昆虫に依拠した度合いは高いほうではないだろうか。ティンデールによると、「オーストラリア先住民は誰もが、食べられる昆虫はいないかと常に目を光らせている。ある男性が、カンガルーを追うことに集中していたはずなのに、ガムの木らしきものを目に留めるなりカンガルー狩りを中断して、木の穴をやり先でつつくのをわたしも目撃したことがある。やがて彼は枝先をまげて穴に差し入れ、虫を引き出した……虫を食べ終えると彼の意識はようやく狩りという大事な任務に立ち返った」。オーストラリア先住民はかつて多種多様な昆虫を食べていて、現在でもその一部を食べている——キクイムシの幼虫、蛾の成虫と幼虫、蟻、そしてイナゴなどだ。オーストラリア先住民は昆虫の産品も利用する。ハリナシバチやミツツボアリの作る蜜や、キジラミが作る糖液など、どれも第8章でご紹介する。

オーストラリア先住民が食べる多くのイモムシの中で、もっともよく知られているのはボクトウガの幼虫だ。この属の蛾の数種のメスは、世界一重たい昆虫の座を占めているとティンデールは記している。成虫のメスは翅を広げると二二、三センチにもなる。幼虫もどっしりして、男性の掌くらいの長さがある。目端のきく先住民は、幼虫がユーカリの幹にうがった穴を目ざとく見つけ、二股の枝でこしらえた一五センチほどの鉤状の棒切れを突っ込んで虫を引きずり出すと、ボーデンハイマーは書いている。「二股の一方は長いまま残し、一方を短く切り、尖らせて鉤にする」のだ。穴がイモムシが通るには狭いこともあるので、「まず斧で樹皮を切り広げる」。まるまる太った幼虫は、一説によれば「ちょっぴり甘くしたスクランブルエッグ」の味がするそうで、熱い灰の中で蒸し焼きにされる。

コウモリガは翅は細いが大型で、わたしたちにはおなじみの夜行性のスズメガによく似ている。幼生期は土の中で、ユーカリやアカシアの木の根をかじってすごす種もいる。ティンデールは、オーストラリア先住民がこの幼虫を捕まえる方法を記している。

「(彼らは) コウモリガの幼虫がたかって弱った木を見分けることができ、表面の土をこそげ落とし、巣穴を露出させる。臭いをかいで空洞の中を確かめるのだが、湿った穴には生きたイモムシや蛹がいる。先端に鉤をつけたしなやかな長い棒を巧みに穴に下ろしていくと、時にはなんと二メートル近くも入ることがある。その鉤に引っかかって虫が釣れる」

ティンデールの見るところ、これは「時間ばかりかかる気長な作業で」「コウモリガをもっと手軽においしく味わうには、成虫が羽化する季節を待つことだ」という。オーストラリアの砂漠では、夏の最初の大雨の夕刻、日の沈む一時間前にコウモリガが一挙に地面から出てくる。飛び立ち、番《つが》い、暗くなる頃に卵を産む。夜が明ける頃には疲れ果て、あるいは命尽きた蛾がそこらじゅうに散乱している。「婚姻飛翔の前夜、鳥たちは何かが起こるのを感じ取るようだ。カササギや鳥は活動的になり、フクロウやゴウシュウガマグチヨタカも普段より早く巣を離れて蛾を捕らえに行く。最初のうち、蛾は弱々しく、まったく無防備に黄昏の光の中で翅を乾かしている。先住民も鳥に後れはとらない。デイリーバッグに何百という蛾を集め、あたりが暗くなるや、大きなかがり火を焚いて蛾を招きよせる。明かりに誘われて焚き火に落ちた蛾は、火の中から掻き出されて熱心な食客の口に放り込まれるのである」

すでに見てきたように、北アフリカの人々にはバッタはごちそうだ。彼らは甲虫も食べる。ブリストウによると、エジプトのベドウィンは塩で蒸し焼きにしたオオタマオシコガネを食べると同時に、成人の儀式にもスカラベと呼ばれるこのコガネムシを使う。

少年が一一歳か一二歳になると、一人前の男として迎えるための儀式の様子を、F・フィンチという女性が自らの目で見たままに教えてくれた。少年と長老を取り囲むように、男たちが円を描いて地べたにしゃがむ。男たちは隣同士肩を触れ合わせて並んでいる。彼らはリズムに乗ってアラーの九九の名を唱え、体を横に揺すって次第に興奮の極みへと気持ちを高ぶらせていく。三〇分足らずで、円になった男たちと中央の少年はトランスし、忘我の境地に入る。長老一人が雰囲気にのまれずに比較的平静を保ち、永遠の命に関するコーランの一節を読み上げてから、鉢いっぱいのスカラベを食べよと少年に命じる。そうして少年は部族やその村の男として認められるのだ。

ただ、サハラ砂漠の南では、もっと多くの昆虫が広く食用されていて、イナゴやその他のバッタ類、カブトムシなど甲虫の幼虫、シロアリ、蟻、イモムシ、ヤゴ、蜂類の幼虫と蛹、ユスリカと呼ばれる小さな羽虫の成虫などが食べられる。

一九二一年、ベカートはアフリカ南部カラハリ砂漠のコイコイがバッタの大群が押し寄せるのを見て歓喜したと記している。彼らは大好物の飛来を、はるか北に住む良い精霊が、岩を取り除いて深い穴からイナゴを解き放ってくれたおかげと考えている。人々はありがたくバッタを貪り、「二、三日も経つと目に見えて肥えてきて、ぐっと健康そうになる」。乾季には小さな羽虫がいっぱいにわき、アフリカ中央部では湖から雲がわき起こっているように見えるほどだ。羽虫が風で湖面から陸地に吹き寄せられると、枝や岩に無数についた羽虫を人々が払い落として集め、固めて焼いて食べる。

シロアリはアフリカのほぼ全域で、唯一無二の、とまではいかないにしても最上のごちそうのひとつに数えられている。サハラ南部のアフリカ人がいかにシロアリを好むかを、ハーバート・ノイズが目に浮かぶように生き生きと描写している。

「バイェレ族の長老が、リヴィングストン博士を訪ねてアプリコット・ジャムを勧められ、『ああ、ぜひとも炒めたシロアリを召し上がってみていただきたいものですな』と評した。そんなわけで中央アフリカの人々が（シロアリが大発生する）雨季を歓迎するさまといったら、イギリスで食通を自称する太鼓腹の紳士方が牡蠣のシーズン到来を称え、生きたごちそうを求めてはるばる遠方からもコルチェスター詣でをする様子となんらかわるところがない」

もっともよく食用になっているシロアリは、高さ一メートル以上にもなる塚を作る種類だ。雨季のはじめ、ひとつの群れから数千、時には数万の翅を生やした生殖型が飛び立ち、新たなコロニーを探しに巣分かれする。ベカートもボーデンハイマーも塚を離れた翅のある生殖型を大量に捕らえるための巧みな仕掛けについて記録している。ボーデンハイマーの記述を借りてみよう。

「彼ら（罠を仕掛ける者たち）はシロアリの塚を……数枚の広い葉でしっかりと包み込む。……葉と葉の隙間はすぐにシロアリがふさぎ、内側の葉は巣の一部になる。罠の役目をするのは葉の覆いの片側に設けられた突き出したポケットで、生殖型が巣別れをはじめるとき、ほかに出口が見つからなくて結局はそのポケットに次から次へと落ち込むことになる。そこをかき集められるというわけだ」

シロアリは生のままでも食べられるし、茹でたりあぶったり鉄の鍋で蒸し焼きにしたりする。ジンバブエではヨーロッパ系の人々も、先住民ほどではないがシロアリを食すとデフォリアートが言っている。先住民の子どもたちは、壊されたシロアリの塚に椰子の葉を突っ込んでシロアリを捕まえる。引き抜いた椰子の葉にくっついてきたシロアリを食べるのだ。チンパンジー研究者のジェーン・グドールが紹介している野生のチンパンジーの食べ方によく似ている。

グドールの観察によれば、有翅の生殖型が巣立ちにいい条件が整うのを待つ間、シロアリは塚の壁に通路を掘り、出入り口を軽くふさいでおくという。封印された穴を見つけると、チンパンジーは人差し指を使って封印をはがす。そして文字通り道具を一から作るのだ。たとえば細い木の枝を拾い上げ、葉をむしりとり、手頃な長さ――だいたい二〇センチ前後――に折る。この道具を穴に突き刺して引っ張り出す。するとシロアリが顎で道具に噛みついているので、チンパンジーは道具となった枝なり草なりを「口に入れ横に引っ張って」シロアリをこそぎ落とすのである。

文化や風土は違えども、甘党はどこにでもいる。甘いものを食べたい欲求をハチミツで解消することも少なくないが、ハチミツは、ミツバチに限らず蟻やミツバチ以外のハチも作る。次の章で見るように、ミツバチが協力して蜜集めできるのは、彼らがまぎれもなく言語を使ってコミュニケーションしているからであり、また、花の蜜をハチミツに転換するプロセスは、自然淘汰という進化の動力により長い時をかけて磨き上げられてきた緻密な作用なのである。

第8章

ハチミツ物語

いにしえより愛されたハチミツ

ハチミツは、サトウキビが中国から地中海にもたらされるまで数千年にわたって、ヨーロッパと北アフリカの人々が口にできるほとんど唯一の甘味だった。九〇〇〇年も前の石器時代中期にも、スペインの岩窟に、野生のミツバチの巣からハチミツをくすねる人間の姿が描かれていたことをエヴァ・クレインが教えてくれている。古代エジプトではハチミツがいかに珍重されていたかを示唆する史実を、パーシー・ニューベリーが指摘している。

最古期の高官職のうちのふたつは……封印の使い方に深く関与し、彼らの称号は封印の名称に由来している。ひとつは「ハチミツ（壺の）封印者」であり、もうひとつは「神与の封印者」、「神の封印者」だった。ひとつめの……「ハチミツ（壺の）封印者」とはおそらく、エジプトの全史を通じて見出される数百もの称号のうち最古のもので、第三王朝以来、王族以外の高位の身分にある人物で、この称号を得て誇りに思わない者はなかったであろう。見てきたようにこの称号はもともと「ハチミツ（壺の）封印者」を意味するが、ハチミツは古代の贅沢品の最たるものであり、王族の食卓にのみ供されるものだった。したがってこの称号は古い中でももっとも古い時代の形見と見なされ、ナイル渓谷でワインが消費されはじめる以前にさかのぼるものと考えられる。

第三王朝はおよそ五〇〇〇年前にはじまり、ハチミツはおそらくそれより何世紀も前から使われはじめていて、その起源は歴史上でも最古の部分になると考えられる。

ホリー・ビショップは、『リグ・ヴェーダ』の中でハチミツが頻繁に登場すると指摘している。『リグ・ヴェーダ』はヒンドゥーの経典で紀元前一五〇〇年前後に成立したものだ。また、三〇〇〇年ほど前に書かれたホメロスの『オデュッセイア』と『イリアッド』も、ビショップがいみじくも述べているように、「神聖なるミツバチとその賜物（であるハチミツ）に随所で触れて、惜しみなく甘くされている」。『オデュッセイア』一四巻で、ホメロスは「ワインはいまだ若く／ミツバチの蜜の滴のごとく、うっとりと甘やか」と記している。ハチミツはまた、聖書にも登場する。旧約聖書で、エホヴァはモーゼ——紀元前一四〇〇年前後の人——に、砂漠を彷徨《さまよ》うイスラエルの民が乳と蜜の流れる地に必ず行きつくと、繰り返し約束している。ソロモン王は愛するシュラムの女の美しさを熱をこめて称え、「汝の唇は、ああ、わが妻よ、蜂の巣の滴もかくや、汝の舌の根には蜜と乳が溢れている」と激賞した。『士師記』には不可思議な出来事が語られていて、聖書の時代には、ミツバチをはじめ昆虫についてほとんど何もわかっていなかったことがはからずも露呈している。サムソンは、意中の女性を花嫁に貰い受けようと出かけていったのに、その途上で、「ライオンの死骸をひっくり返してみた。すると見よ、ライオンの体には蜂が群れをなし、ハチミツがあったではないか。サムソンはそれを手に取り、進み、進みつつハチミツを口にした。やがて父と母のもとにいたり、両人にこれを渡し、ふたりながらこれを食べた」とある。ミツバチが死んだ動物の腐りかけた遺骸に巣を作ることはありえない。古代の人々が目にしたのは、実際はナノハナアブだろう。見たところびっくりするほど蜂に似たナノハナアブは害のない昆虫だが、毒があり、相手を刺し、警告色を身にまとったミツバチに自らを似せることで、捕食者である虫たちから餌と思われないようにしているのである。ナノハナアブはハチミツを作ったりはしないが、死んだ動物のまわりに「群れる」ことはある。その死骸がライオンのものであっても。ナノハナアブは死骸に卵を産み、孵った幼虫は朽ちていく肉を糧に大きくなるのだ。

ミツバチは、花々から集めてきた蜜でハチミツを作る——どうやって作るかはこの後すぐご紹介しよう。ミツバチだけでなく、およそ蜂と名のつくものはすべて、蜂にとって唯一の糧である花粉や蜜をとりに訪れる花の生殖に欠くことのできない役割を担っている。蜜を集めにきた蜂の毛むくじゃらの体のどこかがおしべに触れると、花粉が付着する。その蜂が別の花——ミツバチに限っていえば、それはほぼ必ず同じ種の花である——に飛び移ったとき、花粉の一部がめしべに落ちる。このようにして蜂は受粉という営みのスタートボタンを押し、最終的に植物の子孫である種子の生産に寄与する。蜜に含まれる栄養分はほとんど糖だけで、この糖をエネルギーにかえて蜂は花粉や蜜を集める長い長い旅をする。「保育蜂」は、花粉と蜜を贅沢に食べ、頭部にある特殊な腺から分泌される蜂のミルクを作る。蜂のミルクは非常に栄養価の高い食品で、育ち盛りの幼虫に与えられる。「働き蜂の幼虫は、孵化の後四日半から五日のうちに体重が一五〇〇倍になる」とレイ・スノドグラスは書いている。

開花植物と授粉昆虫は——ミツバチがその一例だが——共生進化してきた。つまり、何百万年という時をかけて、両者はさまざまな点で互いに適応してきたのである。大きくて色鮮やかな花は遠くからでも蜂を引きつけるし、それに呼応するように、蜂は色を識別する（蜂はスペクトルの紫外線部分まで見ることができる。多くの花は紫外線を反射するが、わたしたちの目には見えないのだ）。花は匂いも発していて、蜂の触角にはきわめて感度のいい匂いの受容体があり、近い距離で植物の違いをかぎ分ける手がかりになる誘引物質を感知する。植物は花粉と蜜という報酬を用意し、ミツバチはこの贈り物を存分に活用できるよう、見事に進化した。蜂の後肢には硬い毛でできた「花粉かご」があり、たくさんの花粉を運ぶことができるし、吸うのと舐めるのと両方に適した口部分で集めた蜜は、「蜜腹」に大量に詰め込むことができる。

ミツバチは実に効率よく花粉と蜜を集める。ひとつの群れに属する働き蜂は、巣箱や木のうろの巣の周囲の、実に一〇〇平方キロにおよぶ地域に蜜を探しにいく。それほど広い範囲を網羅しなければならないのだから、効率よく収穫するには偵察隊が必要だ。偵察隊の働き蜂は、蜜や花粉が豊富な花の群れを見つけると、その位置をほかの働き蜂に伝達することができる。巣の中に垂直に下がっている巣板に沿って「八の字ダンス」をすることで伝えるのである。

このダンスは、蜜が豊富な花の群れまでの最短ルートを描き出す。アナ・ドルンハウスとラース・チトカは、ミツバチにはダンス言語があるため、マルハナバチなど言語のない蜂より競争力がある、と指摘している。ダンス言語のない蜂は、どこかに蜜のいっぱい出る花があるよ、という程度の情報しか仲間に伝えることができないのだ。ミツバチの働き蜂が踊り出すとほかの働き蜂がよってきて、最初の蜂の踊りをまねる。仲間たちは偵察蜂の体に残る花の独特の匂いをかぎ分ける。時には、踊り手が仲間に蜜をごくわずか分け与えることもある。踊り手は八の字を描き、交差部分を直進しながら尻を左右に振ってキーキーと音をたてる。交差する部分で「尻を振りながら」直進する速度が蜜源との距離を表していて、ゆっくり尻を揺するときには花まで遠く、速く揺するのは近いときだ。

花の方角は、巣板の垂直方向と八の字の直線部分との角度で示される。わたしたちが習慣として地図の上を北と考えるように、ミツバチは、巣板の上方に太陽があると考える。そこで、たとえば巣板に沿ってまっすぐ上に八の字の直線部分を描く場合は花は太陽の方向にあり、まっすぐ下に八の字を描くなら、花は太陽とは反対の方向にあるということだ。巣板の右へ六〇度の角度で直進するときは、蜜源への直線飛行ルートが、巣と太陽を結ぶ線の右六〇度にあることになる。巣板の左四五度に向かって直進するならば、花のある方角が巣から太陽を見て左四五度になる。ご明察の通りミツバチには体内時計があって、地球の自転にともなって変化する方角を修正することができる。

ダンスで花の位置を教わった働き蜂が蜜源に向かい、戻ってくると、その蜂もダンスを繰り返して――見つけた蜜源が間違いなく豊かなものだとダンスにも一層熱がこもる――、その蜜源にもっとたくさんの働き蜂を向かわせる。だが行ってみて蜜が乏しければ戻ってきてもダンスを繰り返さないし、さしたる収穫が望めなさそうな場合は、おざなりなダンスで、同じ蜜源に向かわせる蜂の数があまり多くならないようにする。さらにカール・アンダーソンとフランシス・ラトニークスは、蜜を持ち帰っても巣を守っている貯蔵係の蜂がこれ以上受け取ってくれそうもないとなると、つまりこの時点ではこれ以上蜜はいらないとなると、働き蜂は蜜を持ち帰っても踊らないことを突き止めた。このようにして群れは食料調達を調整し、もっとも効率的に蜜を集められる花に狙いを定めるのである。

蜜や花粉の調達源が比較的巣に近い場合、というのはおよそ六〇メートル以内にある場合、ミツバチのダンスは略式になり、これをカール・フォン・フリッシュは「円形ダンス」と名づけた。蜜などを収穫して戻ってきた働き蜂は「素早く、軽い足さばきで」円を描くと、急旋回してもとの位置に戻りまた円を描くことを繰り返す。これは、「わたしたちの巣のそばを探してごらん。絶対に花が見つかるよ」という意味だ。

ミツバチのダンスを発見して解読し、ノーベル賞を受賞したフォン・フリッシュは、前面にガラスを張った観察用巣箱で踊る蜂のダンスの指示に従ってみせることで、自分がミツバチダンスの意味を理解していることを示した。この巣の蜂たちは、観察用の巣から遠く離れた藪の陰に、フォン・フリッシュの学生らが隠した砂糖水入れに餌をとりに行っていた。フォン・フリッシュは蜂の踊りが示した方角をたどって隠してあった砂糖水入れまで数メートルというところまでたどり着き、後はそのあたりを少しばかり探して砂糖水入れを見つけることができたのだった。

養蜂家たちは、自分のミツバチが蜜を探し出すことには喜びいさんで手を貸そうとする。蜜をたっぷり作る花に近づけようと――クローバー畑などがいいだろう――巣箱をあちこち移動させたりもする。リンゴや柑橘類の果樹園があるところでは、果樹園の主が受粉を確実にするために、代金を払って巣箱を借りることもある。エジプトの養蜂家たちは、巣箱を花のある場所へ運ぶのに、非常に巧妙な手段を使っていた。彼らは、上エジプト（南部）では下エジプト（北部）より花がずっと早く開花することを知っていた。ヒルダ・ランサムが指摘していることだが、エジプトの養蜂家は、一〇月の終わりになるとナイルをさかのぼって南部に巣箱を運ぶ。その時期は南部で花が盛んに咲き誇るのだ。巣箱は筏《いかだ》にのせられ、季節がうつろうごとに開花前線の北上に合わせてしずしずとナイルを下っていくのである。岸辺の近くに筏を係留すると、巣箱の蜂が蜜を集めるため解き放たれる。その場所の開花期が終わると、筏は少し下流に移動する。このようにして養蜂家と蜂はエジプトを縦断し、二月になる頃にカイロに到着するという具合だった。

ハチミツができるまで

蜂は、花の蜜をどのようにハチミツに変えるのだろうか。すべてのはじまりは、「外蜂（フィールド・ビー）」、つまり蜜集め係の蜂が巣箱や天然の蜂の巣に蜜で腹をいっぱいにして戻ってくるところからだ、とノーマン・ゲイリーは説明している。外蜂は小さな花なら一〇〇〇以上、大きな花ならそれより数はずっと少なくなるが、とにかくたくさんの花からおよそ七〇ミリグラムもの蜜を集めて、自身の体重の八五パーセント近くにまで貯め込む（人間でいえば、体重七〇キロの人が六〇キロ近い水を飲むくらいだ）。外蜂は巣に入ると蜜を吐きもどして「家蜂」にゆだね、家蜂が蜜をハチミツに「熟成」させる。

蜜からハチミツへの転化には、蜜に含まれる大量の水分とさまざまな酵素が必要だ（酵素は生物化学反応を促進したり統制したりするたんぱく質）。蜂は蜜にたくさんの酵素を加えるが、そのひとつが蔗糖《しょとう》（スクロース）――一般的な家庭用の砂糖であり、蜜にもっとも多く含まれる糖分――の複雑な分子構造を切断して、フラクトースとグルコースのふたつに分解する。このふたつも構造の単純な糖で、ハチミツの成分中七〇パーセントを占める（ほかの酵素には別の働きがある）。この二種類の糖分に加えて、ハチミツには別種の糖分やたんぱく質、酸、ミネラル、さらにはごく少量のビタミンなどが含まれていて、おいしそうな色や匂い、味のもとになっている。

家蜂には、外蜂が集めてきた蜜の水分を蒸発させる役目がある。口に含んだり吐きもどしたりしながら、蜜の滴を何度も空気に触れさせる。およそ二〇分の間、五秒から一〇秒おきにそれをやるのだ。す

蝋質の蜂の巣にとどまり、
小室の中に蜜を吐き出そうとしている働き蜂

るともとも全体の四五パーセントほどだった糖分が、水分の蒸発で六〇パーセント程度にまで凝縮される。この程度にまで濃縮した蜜を、小室に入れてさらに乾燥させる。だが蜜は小室の容量の四分の一くらいまでしか入れない。というのも、ぎりぎりまでに蜜を入れるより、隙間があるほうが水分が早く蒸発するからだ。家蜂の一部が翅であおいで巣の空気を循環させ、水分蒸発を助ける。完全にハチミツに転化した蜜は、七五パーセントから八五パーセントの糖分を含み、小室にしっかり詰め込まれ、蝋で蓋をされるのだ。

ハチミツは、糖が結晶化することはあっても、何週間も何カ月も、発酵することも腐敗することもなく貯蔵できる。それは、イーストやバクテリアといった微生物が、ハチミツの中では生きられないからだ。ジェイソン・デメーラとエスター・アンガートは、セイヨウミツバチの蜜にも、この後に紹介するハリナシバチの蜜にも、イーストやバクテリアを殺す化合物が含まれていることを突き止めた。ハチミツに含まれる水分は約二〇パーセントで、水分量がおよそ七〇パーセントの微生物に比べてはるかに少ないため、ハチミツの中では微生物が枯死してしまうのだ。水分のような液体も気体も、濃度が高いほう（この場合微生物）から低いほう（この場合ハチミツ）へと吸収されてしまう性質があるからだ。つまり微生物の水分は浸透圧で吸い取られ、からからに乾いたぬけがらだけが残るわけだ。だがビショップは、バクテリアのスポレス（活動しない休眠状態）ならハチミツにとどまることができて、これが有毒なボツリヌス毒素を作ると警告している。スポレスは成人には害はないが、一歳未満の乳児では命にかかわることもある。

王様のハチミツ酒

ハチミツに水分をたっぷり加えると、浸透圧が減少してイーストも生き延びられるようになる。イーストがハチミツを発酵させ、発酵作用が起こるとアルコールができる。古代ギリシャ・ローマの頃――そしておそらくはもっと以前から――、人々はハチミツでアルコール飲料を作っていた。英語でミード（mead）と呼ばれるハチミツ酒だ。一一〇〇年頃に古英語で書かれた『ベーオウルフ』では、ミードは王とセイン（王に仕えるが、領地を持つ自由民）の飲み物とされている。チョーサーの『カンタベリー物語』は『ベーオウルフ』から二〇〇年以上後に中世英語で書かれたものだが、J・U・ニコルソンによる現代英語訳で読んでみると、サー・トパスの物語中に

彼らはまず持ってきた、甘い、甘いワイン
とミードをメスリンに入れて
そして風味高き
ジンジャーブレッドにはたっぷりと上質な
クミンとリコリス、それにわたしの見たところ
かくも美味なる砂糖がかかる

というくだりがある。ニコルソンによれば、ジンジャーブレッドにはハチミツが入っていて、また、メスリンというのはカエデの木でできた容器だということだ。

『ミードの作り方（Making Mead）』で、ロジャー・モースは一六六九年に書かれた『すこぶる博識のサー・ケネルム・ディグビー勲爵士のひそかなる所蔵庫を開陳すること：しかるに発見されたるメテグリン、リンゴ酒、チェリー酒などなどの製造法（The Closet of the Eminently Learned Sir Kenelme Digbie Kt. Opened : Whereby Is Discovered Several Ways for Making of Metheglin, Sider, Cherry Wine, etc.）』（メテグリンは香料を加えたミード）なる本のレシピを紹介している。

ミードの作り方

七ガロンの水にハチミツ二ガロン、これをよく混ぜ火にかけて煮立たせる。パセリの根を三、四本、フェンネルの根を同量とってきれいに洗い、切り刻み、煮汁に入れて一緒に煮込む。煮立てている間ていねいにあくをとり、あくがでなくなれば煮込みは完了だが、あくが煮汁に少しも戻らないように注意すべし。鍋を火からおろし、翌日まで冷ます。これを蓋つきの容器に移し、良質のパン種（イースト）を半パイントとクローブごく少量を砕いて麻の布に包んだものを加え、蓋をすればニ週間で飲み頃となる。だが長くおけばなおよし。

スコットランドのドランビュイはわたしが好む食後酒のひとつだが、エヴァ・クレインの『ハチミツの本（A Book of Honey）』を読むと、同好の士は少なからずいるようだ。クレインによれば、ドランビュイ drambuie はゲール語の an dram buideach——満足させる飲み物——を縮めたものらしい。この酒は、秘伝の調合でハチミツとウィスキーを混ぜ合わせて作られる。一七四五年に、ボニー・プリンスと呼ばれたスチュアート家のチャールズ・エドワードがスコットランドに持ち込んで以来、その調法は一家相伝で受け継がれている。

ミツバチの巣を探して

何年も前、ニューハンプシャー州ダブリンのボブ・ナイトと話に興じていたときのこと、ボブが天然のミツバチの巣を探して回った話をしてくれた。彼はまず、蜜を探しにきた蜂を花のところで捕まえて、内部が三つの部屋に分かれている小さな箱に閉じ込めた。箱の片側が二層になっていて、上のほうの部屋の蓋にはガラスの小窓がついて開け閉めできるようになっており、上の部屋と蓋で仕切られた下のほうの部屋には、砂糖水を入れた蜂の巣が置いてあった。箱のもう片側に三つ目の部屋があって、ここにもガラスの窓のついた天井があり、二層の側とはスライド式のパネルで仕切ってあって、壁にあけた隙間を通して、パネルは箱からとりはずせるようになっていた。

ボブは上の部屋に蜂を閉じ込めた。蜂が落ち着くと仕切りのパネルを開けて三つ目の部屋に移動させ、パネルを閉じてそのままそこに閉じ込めた。次に彼は上の層と下の層を隔てている蓋をとりはずして、下の部屋の砂糖水に蜂が近づけるようにしてから再びパネルを開けた。砂糖水を飲ませた後で、蜂を解放した。蜂は、まっすぐに自分の巣へと帰っていった。ところで部屋の壁にはすべてアニスの油が塗ってあった。蜂が巣に戻ってミツバチダンスをすると、仲間の蜂は踊る蜂の体についたアニスの匂いを感知する。そこで、ダンスで示された蜜のもとに向かう蜂たちは、その途中にある花には目もくれず、アニスの匂いがするところだけを目指した（このように「同一の花だけを目指す定常性」のおかげで、ミツバチは授粉昆虫としてきわめて効率的なのだ）。砂糖水を入れた箱の蓋を開けておくと、たくさんの蜂がやってきた。ボブは蜂の後を追いかけ、箱を少しずつ巣に近づけて、次第に巣との距離を詰めていった。巣にたどり着いてみると、養蜂家の巣箱だったこともあったそうだが、そのときはハチミツを失敬するのは遠慮したそうだ。

世界の各地で、いまセイヨウミツバチに恐ろしい災難が降りかかっている。セイヨウミツバチが謎の失踪を遂げているのだ――最新の統計では、全米二七の州とブラジルなどで、およそ三〇パーセント減少している。メイ・ベレンバウムが話してくれたところでは、「ミツバチはただ消え失せているんです。影も形もなくなっている。巣に戻ってこないようなんです」という。

農作物にはもちろんのこと、自生する植物にとっても大切な授粉者がいなくなるという深刻な事態を説明する仮説は山のように出ている。ジェット気流のせいだとか、ワイヤレスのインターネット網が影響しているなど、とってつけたような説もある中で、理にかなっていると思われるのが、人工給餌のせいかもしれないという考え方だ。時には、どうしても人工給餌するしかない場合もあるのだが、フラクトース過多のコーン・シロップばかり与えていると、ミツバチには栄養源としては不適当なのである。原因が何であるにしろ、ミツバチの群れが崩壊することで被る経済的損失と環境への影響は重大だ。

ハチミツがちょっとしか、あるいはまったく食べられなくなるのはもちろん痛手ではあるけれども、ベレンバウムが指摘するように、授粉調整がきかなくなることの深刻さに比べたら、そんなことは物の数ではない。わたしたちの食卓にのぼる果物のほとんど、そして野菜の大半が、ミツバチに授粉してもらっているのだ。さらにカリフォルニアでは年間二〇億ドルの生産を誇るアーモンドは、受粉をミツバチだけに頼っている。食肉産業だって打撃を被る。クローバーなどマメ科の牧草や飼い葉になる植物も、ミツバチが授粉するからだ。

蜂が巣を作っている木を突き止めるのは、ボブ・ナイトには単なる道楽である。一方、インドや東南アジア、マレー諸島では野生の蜂の巣の蜜集めが昔かられっきとした商売になっているのだが、これは危険だし、時には命を落とすこともある作業だ。ベンジャミン・オルドロイドとシリワト・ウォングシリによると、この地域には北米でおなじみのセイヨウミツバチ――これは、アフリカ原産の種を除いてはおおむね穏やかな性質である――とは違うミツバチが八種いるという。セイヨウミツバチのように、穴の中に巣を作るものが四種で、そのうちの一種は小規模ながら飼育されていて、木製の巣で飼われている。

そのほかの四種は、木の枝の下や崖の岩肌などむき出しの場所に巣を作る。こちらの種のうち二種の働き蜂は大型で、体長はセイヨウミツバチの二倍に、ほんのわずか足りないほどある。彼女たちは大量のハチミツを作り出すが、相手にするには相当に手ごわい。一種はヒマラヤに棲息し、単層の巣を岩肌からつり下げる。ほかの二種の群れは、ヒマラヤ以南のアジアを棲みかとし、単層の巨大な巣を岩肌に作ることもあるが、多くは背の高い木の枝の下側に営巣する。ヒマラヤに棲息する種と同様、いきり立って飛び回る群れは日常的に見られる光景だ。オルドロイドとウォングシリは、おそらく二〇〇以上もの群れが「ひとつの貯水塔や木、岩肌に集まる」と言っている。

「オオミツバチの巣を探索するのは危険だらけの仕事で、闇の中、かなりの高さを登り、登り終えても針で刺そうと待ち構える何万という獰猛な虫を相手にしなければならない」

蜂以外にも、森には危険が潜んでいる。バングラデシュでは、「ハチミツ狩りの人は、毎年一〇人前後が虎に殺され、四〇人ほどが山賊に襲われる」という。これはもちろん、アジアの虎の棲息数が風前のともしびとなる前の話だ。しかしわたしの知る限り、山賊はいまだ健在である。ハチミツ狩りの人々は日を選び、「沐浴し、断食して体を浄め、聖歌を歌い、祈りを捧げて」危険を減じようとする。ビンロウジや米、小動物などを森の精霊に供えることもある。巣のある木の下に着くと、木の精霊をなだめるため、祈りを唱えて儀式を行う。オルドロイドとウォングシリが紹介しているマレーの伝説によると、若い王子がトゥアランの木についたオオミツバチの巣からハチミツをとろうとして金属の道具を用いたところ、木の精霊の怒りに触れ、手足をもがれて死んでしまったという。王子の妃、ファティマ王女は木と取引をし、今後「トゥアランの木に登るのにナイフも鉄の道具も一切使わなければ」王子は甦るであろう、と約束された。ファティマ王女の誓いを尊重して、マレーシアからインド南部一帯のハチミツ狩り人たちは金属の道具は使わない。木のナイフで蜂の巣を切り取るのである。

オオミツバチの巣を狩るハンターの多くは、月のない夜を選ぶ。猛々しく刺す働き蜂たちも、巣にはりついていて空からの攻撃ができないからだ。松明用に葉を束ねて一メートル以上の長さにしたものを手に、ハンターは巣のついている枝までむき出しの木肌を登っていく。巣のある枝まではだいたい四〇メートル近くある。枝につくと幹から一〇メートルほども離れたところについている巣までにじりより、松明に火を点けてそれで蜂を巣から追い払う。また、松明で枝を叩いて、わざと火の粉を地面に落とそうとする。「方向感覚を失った蜂が火の粉を追いかける。ハンターが『蜂よ星を追いかけろ』と唱えることもよくある」という。

巣の蜂をほぼ追い払うと、ハンターは巣の下に籠をつるし、蜂の巣の一部を切り取って籠に落とす。この作業の大変さは想像を絶する、とオルドロイドとウォングシリは書いている。「想像できるだろうか――森の中で他を圧してそびえる巨木の上、ゆるやかに揺れる枝にまたがって、……真夜中に……命綱も何もなく……枝の下に手をのばし、脚（それもたいていは素足）を枝に絡ませただけで蜂の巣を刈り取るのがどういうことか」

ハリナシバチのハチミツ

西半球には、ヨーロッパからの植民者が持ち込むまでミツバチはいなかった（ニューイングランドでは、物珍しいこの昆虫を先住民は「白い人間の蠅」と呼んだ）。だが新世界の先住民たちが甘みと完全に無縁だったかというと、もちろんそんなことはない。アメリカ北東部と、ここに国境を接するカナダ南部には、言わずと知れたメープルシロップがある（植民者に、はぜたトウモロコシの実をメープルシロップと混ぜてポップコーンボールを作るやり方を教えたのは、先住民たちだった）。

南西部では、スズメバチや蟻の作る蜜が手に入るが、それについては後で述べよう。だが中南米では、ミツバチではないがハチミツや蜜蝋を作ってくれる蜂が別にいる。主にメリポナ（*Melipona*）属とトリゴナ（*Trigona*）属のハリナシバチだ。彼らはおなじみのアピス属のミツバチの遠縁だ。エヴァ・クレインが指摘する通り、世界にはおよそ五〇〇種ほどのハリナシバチがいる。高地を除く熱帯と砂漠地帯でしか見ることができない。その大半——だいたい八〇パーセントほどが新世界の生き物だ。残りはサハラ地域のアフリカ、アジア、マレー諸島、ニューギニア、そしてオーストラリアに分布している。

ハリナシバチの仲間は種ごとに大きく違った特徴があるが、共通点も多い。チャールズ・ミチェナーによれば、ハリナシバチは社会性が高く、ミツバチと同じように女王と働き蜂からなる固有の群れを作るが、一群れの働き蜂が数千匹におよぶ種もある。ハリナシバチとはいうものの、退化して使えなくなった針の痕跡はある。二〇世紀前半に蟻の権威として名高かったウィリアム・モートン・ウィーラーは、おとなしくて巣を防御することのほとんどない種もいれば、きわめて獰猛な種もいると報告している。E・O・ウィルソンも書いているように、人間であれ何であれ、巣を脅かそうとするものには容赦しない種もある。「蜂は体中にたかり、皮膚をつまみ、髪を引っ張り、顎でがっちりとくわえ込んだまま緊張病の発作でも起こしたように動かなくなって、はずそうとすると噛みついたまま頭がとれてしまうことさえある」。ウィルソンは、熱帯アメリカにいる数種が、「顎から焼けつくような液体を出すため、ブラジルではサゴフォゴス『炎を噴出するもの』なる名前を奉られている」とも記している。

ハリナシバチの仲間はほぼすべてが蜜や糖液、花粉を集めるが、アフリカとアメリカに見られる盗人蜂という属の仲間だけは例外で、食べ物を求めてほかの蜂の巣を襲う。この仲間は、西アフリカの一種を除いてすべて穴居性で、枝の空洞や幹の洞に巣を作るが、ミチェナーの報告では、蟻やシロアリ、地中性の齧歯類などが放棄した土の中の巣に入り込む種もいくつかあるという。巣作りの主な材料はセルーメンといって、プロポリスと蝋の混合物だ。蝋は蜂が分泌するが、プロポリスは樹脂など植物が分泌するねとねとした物質を集めて作る。蜜と花粉はセルーメンでこしらえた壺に貯蔵されるが、壺は普通卵型で、大型の種が作る壺は長さ五センチ強、幅五センチ弱くらいになる。ハチノコも、やはりセルーメンでこしらえた、壺よりは小さめの筒状の部屋で育てられる。

東半球の熱帯地方では、概してハリナシバチは人間には重視されていなかった。セイヨウミツバチよりもハチミツの生産量がずっと少ないからだ。だがオーストラリアやオセアニアにも、新世界の熱帯地方同様、ヨーロッパ人が導入するまでミツバチはいなかった。クレインは、オーストラリア先住民が野生のハリナシバチの巣からハチミツを集めていた、と述べている。収穫量は存外大きかったようだ。種によりけりだが、ほんのひと口分のハチミツしか貯まっていない巣もあれば、二キロあまりもとれる巣もあり、稀には二〇キロ近く収穫される場合もあったという。とったその場で食べてしまわなかったハチミツは籠に入れ、その巣の蜂が作ったセルーメンで蓋をして持って帰った。クレインによると、オーストラリア先住民はかつて――ひょっとしたらいまでも――セルーメンを重宝して、接着剤がわりにしたり、儀式などに使う小さな人型を作る材料にしていたそうだ。

オーストラリア先住民がハリナシバチの巣を見つける方法は三つあると、ボールドウィン・スペンサーがいっている。

「もっとも簡単な方法は、木のそばを通りかかったときに蜂が出入りしているのを見かけることだ。ふたつ目の方法は、なかなかよく考えられたものだ。蜂を捕まえて白くて軽いふわふわした切れ端（クモの糸がよく使われる）をその体に結える。それを目印に、巣に帰るのを追いかけるのだ。三番目はわたし自身よく見かけた方法で、それらしいゴムの木を見つけると枝や幹に耳を押し当ててみるのだ。もし中に巣があれば、働き蜂が活動する低い唸りが聞こえるはずだ」

オーストラリア先住民と同じように、熱帯アメリカの先住民も野生のハリナシバチの巣でハチミツをとる。しかしスペイン人が侵略してくるずっと以前から、メキシコや中米、そして規模は小さいが南アメリカでも、ヨーロッパでミツバチを飼養したように、ハリナシバチが飼養されるようになっていた。アメリカ先住民がハチミツを珍重していたのは間違いない。

スペイン人がアステカの首都テノティティトランをはじめて襲ったとき、日々六〇〇〇人もの人々が利用していた大市場でハチミツが取引されていたのを侵略者たちが目にしたと、ハーバート・シュウォーツが紹介している。そればかりでなく、アステカの支配者は自分たちが征服した地域の人々にハチミツを献納させていた。たとえばアステカの首都から南のある地域では、毎年モンテスマに二四〇〇壺のハチミツを届けなければならなかった。

熱帯アメリカ全域で、いまでも野生のハチミツが採取されている。シュウォーツによれば、採取するとき、巣を完全に叩き壊して再起不能にする部族もいれば、配慮して賢く蜂を利用する部族もあるという。そうした人々は、「ジャングルで蜂の巣を見つけると、徹底的に壊すのではなく、蜂がもう一度巣を立て直す気になれる程度に巣を残し、同じ場所にまた来たときに自分たちが仕向けた生産の恵みにあずかれるようにしておく」。こうした営みが飼養への第一歩になったのかもしれない。ボリヴィアでは一〇人から二〇人が組になって、六月から九月にかけて組織的にジャングルを探し、ハリナシバチのハチミツとセルーメンを収穫する。野生の巣を襲って壊すだけでなく、群れ全体を持ち帰って飼養することもままあった。

ハリナシバチの中で養蜂がもっとも進んでいるのはメリポナ・ビーチェイ（Melipona beecheii）で、ユカタン半島のマヤの人々はコレル・カブ（貴婦人蜂）とかフナン・カブ（巣箱蜂）と呼んでいた。クレインは、ハリナシバチの養蜂がもっとも進んだのはマヤが文明社会を築いた中米で、狩猟採集が主な南米ではそれほど普及していなかったとしている。新世界でも、ハチミツと蜜蝋の供給源として養蜂が重要だったことは、かつてマヤの養蜂家が一軒で四〇〇から七〇〇もの巣箱を世話していた事実からもうかがえる。

多くの場合巣箱は、空洞のある丸太を六〇から九〇センチ程度の長さに切り取ったもので作られる。中央あたりに蜂の出入り口となる小さな穴が穿たれ、丸太の両端は粘土などで蓋をする。これが水平になるように、木や支柱につり下げられる。通りがかりの群れが巣箱を占領してしまうこともありうるが、養蜂家はたいてい巣箱に女王蜂一匹と数匹の働き蜂、それに幼虫の入った小室からなる子育て集団という「種」をうえつけておく。ハチミツを収穫するときは、両端の蓋をあけ、蜜壺を取り出せばいい。

ハリナシバチのハチミツは通常ミツバチのハチミツより濃度が低くて水っぽいため、セルーメン製の蜜壺から取り出されると間もなく発酵し、酸っぱくなってしまう。シュウォーツの記録では、ブラジルの人々はハリナシバチのハチミツを保存するため、熱して水分を蒸発させ、糖の濃度を高めることで浸透圧を上げて、発酵のもとになる酵母などの有機微生物を退治するという。

旧世界ではミードのようなハチミツ酒を作るが、新世界の人々もハチミツでアルコール飲料をこしらえる。シュウォーツの本を読むと、「ジャガーか鹿の皮を生のまま、あるいは乾燥させて袋状につるす。

その中にハチミツと蝋を入れ、上から水をかけて日光にさらして発酵させる。三日から四日、日にさらされると、醸造液は望ましい強さに達する。味見係に指名されると、発酵の度合いを試して飲み頃の強さになったかどうかを判断する任務を帯びる」というパラグアイ先住民のやり方を知ることができる。

新世界では、ハチミツの採集や養蜂でさえも、信仰や迷信、儀式に彩られてきた。メキシコのベラクルスでは、先住民たちがアベジャス・レアレス（高貴な蜂）と呼ぶメリポナ・ビーチェイ――ハリナシバチとしてはもっともよくハチミツを作る種だ――について、作法通りの順序と儀式が守られなければ蜂が巣を見捨ててしまうと信じられていた。蜂はことに家族の不和を嫌うとされていて、そのため二人以上の妻がいる男は、いい養蜂家になれないと先住民たちは信じている。これは中央ヨーロッパの迷信と通じるところがあって、ここでも、養蜂家一家の仲が悪かったり一家の誰かが家族をだましたりすると、ミツバチはよく育たないと考えられている。

アメリカ先住民の部族の中には、巣箱を開く前七日間は性交を慎まないといけないと信じている人々もいる。七日におよぶ禁欲期間の終わりに、養蜂家は夜明け前に起きだして巣箱をコーパル（さまざまな木の樹脂）を焚いた煙でいぶしてからハチミツをとる。養蜂家とその手伝いに同様の禁欲を求める部族はケニアにもある。

肉食昆虫の作る蜜

クロスズメバチがハチミツを作るとはにわかに信じがたいかもしれない。クロスズメバチといえば肉食昆虫で、北米産スズメバチなどと同じようにイモムシなどを捕まえては巣の幼虫に食べさせている、疲れを知らない狩人だ。それでも熱帯のごく数種に限って、昆虫を狩るほかにハチミツも作るものがいる。そうした蜂たちが作るハチミツの量は半端でなく、場所によっては人間にかすめ取られてしまうのだが、肉食の蜂がハチミツを何に使うのだろうか。これについてはあまりよくわかっていない。ただハワード・エヴァンズとメアリ・ジェーン・ウェスト・エバハードが、おそらくは幼虫に与えるのだろうと推測している。一九〇五年にワシントンで開かれた昆虫学会で、バーバー氏なる人物が、

テキサス州ブラウンズヴィルで、ネクタリナ・メリフィカ（*Nectarina mellifica*）種の蜂が作った巣を自ら撮影した写真を展示した。彼は巣の持ち主である黒人から、この蜂は風味のよいハチミツを作り、メキシコでは巣が小さいうちに自分のものにして大きくなるのを待ち、蜂を殺してハチミツを取り出すのが習いであると聞いた。巣はわが国にいる紙を作るスズメバチのものと似ているが、……下のほうの小室がむき出しになっているところだけが異なっている。球状で直径はおよそ二三センチあるが、件の黒人によると完全な大きさではないらしい。黒人はナイフを注意深く巣に差し込み、引き出して刃を調べると、まだハチミツが少なすぎて開けるには早いと言い切った。

J・フィリップ・スプラドベリは、この蜂は一万匹ないし一万五〇〇〇匹からなる巨大な群れを作り、数年にわたって生き延びることもあると言っている。ウィルソンは、南米に棲む近縁種のコロニーが二五年も続いたと記している。

分類学者（生物の分類と命名の専門家）がこの蜂の属名を、*Nectarina* から *Brachygastra* に変更した理由を推し量るのは造作もないことだ。*Nectarina* というラテン語を翻訳するとおおよそ「ハチミツを作る蜜採集者」という意味になる。種名のラテン語を語根とした英単語に mellifluous（甘美な）がある。mellifluous な声といえば、蜜のように甘くてとろける声だ。*Brachygastra* のほうは成虫の形状を的確に描写している――ギリシャ語で「短い腹部」――が、*Nectarina mellifica* に比べるとそそられるような甘さがないのは否めない。

エヴァンズとエバハードが、一九七〇年当時判明していたブラキガストラ（*Brachygastra*）属七種の蜂が作るハチミツを、人々がどのように利用していたかを書いている。

ブラジルでは通常、夏にブラキガストラ・レケグアナ（*Brachygastra lecheguana*）の大きな巣からハチミツを集める。巣の土台が枝に残されていれば働き蜂は同じ場所に巣を再建するので、翌年もその巣からハチミツを拝借することができる。メキシコではブラキガストラ・レケグアナのハチミツには商品価値がある。養蜂家は若い巣を集めて目の届くところに移し、定期的に煙を焚いて居住者を追い出し、巣を壊してハチミツを手に入れるが、その後は戻ってきた働き蜂に巣を作り直させる。……クロスズメバチのハチミツを買う人は、信頼できる養蜂家の品を求めるようにくどいほど注意されている。というのもブラキガストラ・レケグアナのハチミツは雑多な花の蜜が混じっていて、有毒成分が含まれる場合があるためだ。

ミツバチ同様、ブラキガストラ・レケグアナも開花植物の蜜を手広く集めてくるし、エヴァンズとエバハードも記している通り、人が作ったお菓子や熟した果実、アブラムシやツノゼミといった樹液を吸う昆虫の出す甘露（ハニーデュー）など、糖分の含まれるものなら何にでも手を出す。ほかの蜂が貯めているハチミツをかすめ取っていくことすらある。

甘露から作るおいしいお菓子

ツノゼミ、ヨコバイ、アブラムシやその仲間は、鋭い口吻で植物の篩部《しぶ》を流れる樹液を吸う。篩部は葉で合成された糖などの栄養分を貯蔵庫である根に送っている。圧が低いため、樹液は吸うまでもなく昆虫の口吻に無理やり流れ込んでくる。J・S・ケネディとT・E・ミトラーは、吸いついているアブラムシを、刺さっている口吻だけ残して引きはがすと、吸い出す本体はなくても口吻から樹液が出続けることを発見した（この発見は昆虫学のものだが、おかげで植物生理学者は樹液のサンプルを容易に手に入れることができるようになった。樹液は植物の作る化学物質で、植物生理学という分野の主たる関心事なのだ）。篩部の樹液は主に水で、糖分は豊富だがそのほかの栄養素はほとんど含まれない。そのためあまり含まれていないタンパク質やビタミンをできるだけとろうとして、アブラムシやツノゼミは必要以上に水分を摂取するので、通常、糖が過剰になる。そこで彼らは糖を排出するのだが、この排泄物は要するに糖の溶液であって、そこから甘露の名がついた。樹液を吸う昆虫の多くは、毎日自分の体重の何倍にもなる甘露を出す。

ミツバチは甘露を集めて、ハチミツに加える。したがってわたしたちも間接的に甘露を味わっていることになる。友人で研究仲間でもあるジーン・ロビンソンが教えてくれたのだが、ドイツの人は黒い森のモミの木の樹液の甘露を含むハチミツをとりわけ珍重するそうだ。だが世界には、人々が自分の手で甘露を集めて舌鼓を打つ土地もある。オーストラリア先住民はアカシアにつくキジラミがふんだんに排出する甘露を採集すると、フリードリッヒ・ボーデンハイマーが書いている。キジラミは形はセミに似ているがむしろアブラムシに近く、後肢が発達していてよく跳ぶのと、成虫段階では雌雄ともに翅があるのが特徴だ。中央オーストラリアでは、ユーカリの一種である赤いガムの木の葉はほぼ例外なくこのキジラミの群れに覆いつくされていて、驚くほど大量の甘露を生み出している。ボーデンハイマーはこの甘露をキジラミのマナと呼び、先住民のアルンタ族の人々はプレジャ（prelja）と呼んで、季節になるとこの甘い蜜をたくさん集める。

トルコ西部とイラク北部のクルド人が、樫の木につくアブラムシが出す甘露からおいしい菓子を作ることは中東一帯でよく知られている。クルド人は早朝、蟻が甘露をわがものとする前に樫の枝を切り落とす。それから枝を叩いて甘露を落とすのだが、これはたいてい無数についている。この地域は空気が乾燥しているため、落ちた甘露は固まって岩のようになり、その形で菓子屋に売られると、菓子屋は塊を水でとかして、アブラムシや葉屑を取り除くために布で漉す。漉された甘露に香料やアーモンド、卵

蟻の触角に撫でられて甘露を排出するアブラムシ

を混ぜて熱し、冷やして固める。これを一口大に切って砂糖をまぶしたら出来上がりだ。知り合いのイラク人が、この菓子はおいしくて一度味わったら忘れられないと教えてくれた。

甘露はヘブライ語でマンと呼ばれる。アラビア語でもマンと呼ばれる。マン・エス・シマといえば「空から降ってきた甘露」の意味だ。タマリンドにつくカイガラムシが出す甘露こそ、エジプトを脱出してシナイ半島を行くイスラエルの民の命の糧となるべく天から降ってきたマナだったのではないかと考える昆虫学者もいる。出エジプト記一六章三一節には、「そしてイスラエルの一族はその名をマナと呼び、コリアンダーの種に似て、その味はハチミツで作られた焼き菓子のごとし」とある。

『ニカラグアのナチュラリスト（The Naturalist in Nicaragua）』で、トーマス・ベルトは、Brachygastra 属の蜂がツノゼミの集団から甘露を集めるやり口と、そして同じツノゼミたちから甘露をもらう蟻と常に小競り合いを繰り返していることを記している。

蜂は若いツノゼミの体表を撫で、蟻がするのとまったく同じように、蜜が出てくるなりすする。蜂が寄り添っているツノゼミの群れに蟻が近づくと、蜂は競争相手にすぐつかみかかろうとはせず、飛び上がって蟻の頭上につきまとい、蟻の全身が丸見えになったところで襲いかかって地面になぎ倒す。攻撃があまりにも素早かったので、前肢で襲ったのか顎を使ったのかはっきり見分けられなかったが、前肢だったように思う。蜂が、ツノゼミの群れがいっぱいにたかっている葉にやってこようとする蟻をせっせと追い払うところを、わたしは何度となく目にした。しがみつく蟻を蹴落とすのに、三回も四回も襲いかからなければならないことはざらだった。だが、時には蟻が一匹また一匹と目にも止まらぬ速さで撃ち落とされていくこともあり、蜂の中にも抜きんでて手だれなやつがいるものと思われた。

数多くの種の蟻が——ただベルトが観察した種はおそらくそうではなさそうだが——将来利用するために蜜を蓄える。そうした蟻の俗名をミツツボアリという。ここまで紹介してきたミツバチやスズメバチと違って、ミツツボアリは蜜を蓄えるための蝋の壺や紙の巣は作らない。驚くべき独特の貯蔵法を編み出したのだ。群れの中の働き蟻の一部が自ら蜜壺となる。蜜を長期にわたって貯蔵する生きた容器になるのだ。容器になる蟻は、ほかの働き蟻が蜜を集めに出かけている間に準備をして待つ。採集蟻は花の蜜や甘露といった収穫物を携えて戻ってくると、壺係の蟻に供物を吐きもどす。壺係の蟻の腹は、「途方もなく膨らんで身動きもならず、『生きた蜜樽』として、永久に巣にとどまることを強いられる」とウィルソンは書いている。腹を蜜でいっぱいに満たしたミツツボアリの働き蟻は——アリゾナ州の地中にあったある巣には、一五〇〇匹を下らない数のツボアリがいた——肢で巣の天井からぶら下がり、腹の中身が必要とされるときまでじっと動かずにいる。

ミツツボアリの仲間は、アメリカ南西部、メキシコ、オーストラリア、ニューギニア、ニューカレド

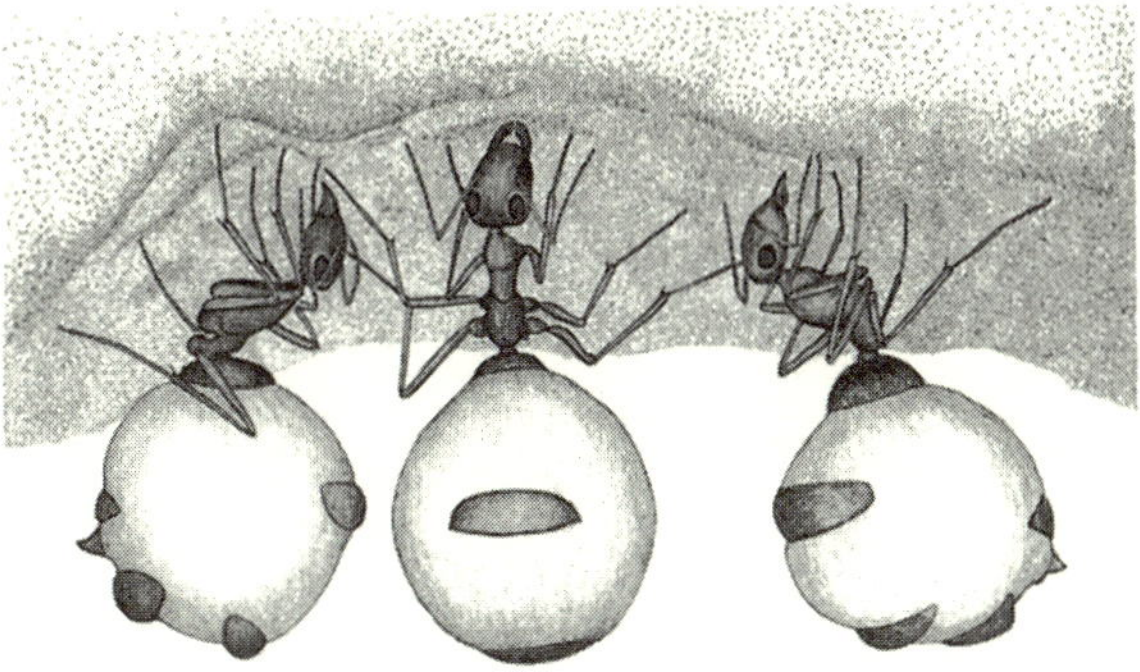

地中の巣で、天井からぶら下がる壺係の働き蟻

ニアなど、主として暑くて乾燥した土地で見つかる。ロバート・スタンパーは研究室で観察を行い、暑い砂漠気候という厳しい環境下でこの蟻の仲間が生き延びるのに、蜜を長期にわたって貯蔵できることが助けになっているらしいことを見出した。摂氏二〇度という涼しい環境に置くと、蟻は貯蔵してある蜜をつまみ食いすることはほとんどなく、むしろせっせと貯め続けた。だが、気温を三〇度に上げると蟻たちは蜜に頼りはじめた。どうやら涼しくて湿った好適環境では蜜はほとんど消費されないが、暑く乾いて花の蜜が少なくなると、蟻の代謝率は上がり、貯め込んであったエネルギー豊富な蜜をあてにして生き延びようとするようだ。早くも一八八二年には、H・C・マクックが、ツボアリが、仲間の蟻に「うまく刺激されると、蜜があまりとれない時季、自分が蓄えている蜜を吐きもどす」ことを報告しているとフリードリッヒ・ボーデンハイマーは指摘している。

オーストラリアやメキシコ、アメリカ西部の先住民はかつてミツツボアリを集め、少量ながら彼らの食生活に大切な甘みをもたらしてくれるもととしてきたが、いまでもその習慣はある程度残っている。一九〇八年、ウィリアム・モートン・ウィーラーは一八三二年に出版されたパブロ・デ・リャベの記述を引用して紹介した。デ・リャベによるとメキシコでは、

農婦や農家の子どもは蟻の巣を熟知していて、蜜を集めるために一心不乱に巣を探し、誰かに分け与えるときには大変注意深く蟻を捕らえてていねいに頭と胸を取り、皿に盛る。しかしその場で食べるときには糖分だけ吸い取って殻は捨ててしまう。先に述べたように頭と胸を取り除くのは、蟻が互いに傷つけ合うのを防ぐためである。というのは、ツボアリは腹が途方もなく膨れ上がっているために歩けないものの、皿に盛られれば暴れ、互いにつかみかかって傷つけ合い、その挙句に

腹の中身が抜けてしまうからだ。何しろ腹部を覆う皮膚はきわめて脆いうえ、なんといっても大量の蜜をたたえてのびきっているので、少しでも穴があけば中身がまたたくまに流れ出してしまうのである。

『カナダ昆虫学者（Canadian Entomologist）』誌にW・ソーンダーズが寄せた一八七五年の記事には、ニューメキシコで「先住民がミツツボアリの蜜から大変美味な飲み物を作る」と書かれている。「メキシコでは、女性や子どもがミツツボアリを掘り出してその蜜を味わうし、この蟻が食卓に出されることもまったく奇異ではない。頭部と肢の生えた胸部は取り除かれ、膨らんだ腹部が甘い菓子として食されるのである」

『食べ物としての昆虫（Insects as Human Food）』で、フリードリッヒ・ボーデンハイマーは複数の観察報告をもとに、オーストラリア内陸の砂漠地では、先住民にとって「ミツアリ」が重要な食物であり、手に入るわずかな甘みのひとつであると記している。オーストラリア先住民にとってきわめて大切なミツツボアリは、アルンタ族の一部族のトーテムになっているほどだ。女性や子どもが離れて立ち、静かに見守る中で、体中に乾いた土を塗りたくりウドニリンガ（*udnirringa*）の枝で飾った男たちが長々と手の込んだ蜜壺の儀式を行う。だがこの部族で、ミツツボアリを採集するのは女性だ。彼女たちは地面に開いた穴で土の山ができていないもの——見つけるのはかなり難しいが、これがミツツボアリの巣がある唯一の目印なのだ——を探し、驚くべき素早さで穴のまわりの固い土を杖で掘り崩し、素手や小さな皿を使って土をはね上げていく。場所によっては、「地面の表面という表面が、まるで山師の一隊が鉱脈探しをした後のように掘り返されている」という。中央の一番大きな穴を掘り進んでいくと、二メートル近い深さにもなる。そこから地面と水平にあらゆる方向に穴が枝分かれしているが、そうした分枝にツボアリはあまりいない。彼らはほとんどが巣の一番底にある大きな部屋に固まっているのだ。

「ミツツボアリの蜜の相伴にあずかるとき、先住民は蟻の頭をつかみ、膨らんだ腹を歯の間にはさんで中身を口に搾り出す」とボーデンハイマーは書いている。口の中に最初に広がるのは、「蟻酸《ぎさん》のピリッとした味」――蟻の自衛化学物質だ。

「けれども蟻酸を感じるのはごくわずかの間で、膜が破れた途端甘く豊かな蜜の風味が口に広がる」

❈

昆虫は、次の章でご覧いただくように、人がかかるほとんどすべての病気に薬として用いられてきた。科学的根拠がある場合もあれば、迷信もある。医薬昆虫の中には効果的なものもあって、現在でも一部は利用されている。だが多くの「療法」はまがいもので、無知から生じた迷信以外の何ものでもない。現代的な見地から見れば、思わず笑ってしまいたくなる用法がまかり通っていたことさえある。

第9章

昆虫医療

縫合には蟻を……

一九二二年、イギリス領ガイアナ（現ガイアナ）でウィリアム・ビーブが地中のハキリアリの巣を掘り出していると、彼は怒り狂った防衛蟻の一群に攻撃された。攻撃してきたのは小さな働き蟻と中くらいの蟻、そして強力な顎のある体長二、三センチはあろうかという兵隊蟻で、兵隊蟻はその顎でビーブのブーツの革にがっちり食らいついた。翌年ビーブがブーツを取り出してみると、そこには「二匹の（兵隊蟻の）頭と顎が、過ぎた年の忘れられた襲撃の形見のように、まだしっかりと食いついていた」という。ビーブはさらに、「この万力のごとき顎の力は、蟻が生きていようが死んでいようが構わずに働くため、ガイアナの先住民は傷口を縫い合わせるのに利用している。針と糸を使うのではなく、大型の（ハキリアリの兵隊）蟻を集めてきて顎を皮膚に近づけるとがっちりと噛み合わさる。蟻が離れなくなったところで体を切り離し、傷が癒えるまで顎をいくつも噛ませておくのだ」。

海を渡って東半球では、蟻を傷口の縫合に使う画期的な方法は、紀元前二〇〇〇年以前のインドではじまっていたとE・W・ガジャーは言う。この用法が最初に文献に現れるのは、ヴェーダの第四部だ。ヴェーダは古代サンスクリットの知恵を集めた書物であり、インド医学の最古の文献といってもいい。「腸閉塞の手術中、腸壁の」切開部を閉じるのに、生きたクロアリが使われた。なんと三〇〇〇年以上前のことである！　この知識は後にアラブ人に伝わった。イスラムの名のもとに、八世紀、アラビア半島を飛び出してアフリカ北部とスペイン、そしてフランス南部へと席捲した人々に、である。

一二世紀のスペインで医療に携わっていたアラビア人医師アルブカシスは、切り口を縫合するのに蟻を使った。中世末期からルネサンス期には、ヨーロッパで傷口の縫合に広く蟻が用いられていた。当時、外科医の中には、そうした蟻の使い方を冷笑する者もあったという。とっくに廃れた手法だというわけだ。そして一七世紀以後、ヨーロッパの外科医は縫合に蟻を使わなくなった。だが、地中海東部と南部では、少なくとも一九世紀の終わりまで、この手法が生き続けていたようだ。

一八九〇年、アジア側のトルコで紳士が落馬し、額を切った。その地方の習いで、彼はギリシャ人の理髪師に傷を見せに行った。

切り口の際を左手の指で押さえ、（理髪師は）右手の鉗子でつまんだ蟻を近づけた。蟻は身を守ろうとして顎を大きく開いていて、慎重に傷口のところにあてがわれると、顎が盛り上がった皮膚の表面をとらえて両側の皮膚を貫き、しっかりと固定された。術者が蟻の頭から胸部を切り離すと、顎だけが傷をくわえたまま残った。同じ作業が繰り返され、およそ一〇ほどの蟻の頭が傷口にならんで、三日ほどそのままにしておくと傷は癒えて、頭はとりはずされた。

あるフランス人外科医が一九四五年に、アルジェリアでは蟻ではなく甲虫を傷口の縫合に使うと報告しているのを、ガジャーの翻訳で知ることができる。これはヒョウタンゴミムシ属オサムシ科の甲虫で、顎が特段に長くてとがっている。虫が傷口を噛み合わせると、体は頭から切り離される。アルジェリア人医師たちは顎が離れないように付け根に粘着テープを巻きつけるが、件のフランス人外科医にいわせるとそれは無駄な用心らしい。顎はたいていあまりにもがっちりと噛み合わさっており、はずそうとすると折らなければならないほどだからだ。なるほど、蟻やハサミムシを鉗子がわりに使うのは傷口を縫い合わせて結び目をいくつも作るよりはずっと速いし手軽だ。わたしは最近手首を折って手術したが、医師は縫合に金属の閉じ金を使い、ちょうど蟻やハサミムシの顎で留めるようにして傷口を留め合わせてくれた。

昆虫民間療法のホント、ウソ

蟻の顎がうまいこと役目を果たすのは疑うまでもない。だがわたしたちはえてして、そうした「民間療法」を遅れているとか、迷信に毛の生えたようなものと見下しがちだ。今日のわたしたちのこうした態度は、植物も動物もすべて、人間に仕えるために創造主がこの世に遣わされたものであって、創造主は生き物ひとつひとつにそれがいかなる役目を負わされているかを示す「しるし」をつけられているとする、中世の途方もない信仰への反動に根ざしているのではないだろうか。

たとえばゼニゴケなる植物は、葉の形が肝臓に似ているから肝臓の病を癒すためにあると、理屈ではなく信じられていた。後ろ翅が人の耳に似た形のハサミコムシという虫は、耳の痛みに効くと考えられた。だが民間療法が必ずしも無益なわけではない。現にハチミツには薬効がある。柳の樹皮を煎じたものは、大昔から頭痛と発熱の薬だった。柳にはアスピリンが含まれていて、その化学名であるサリチル

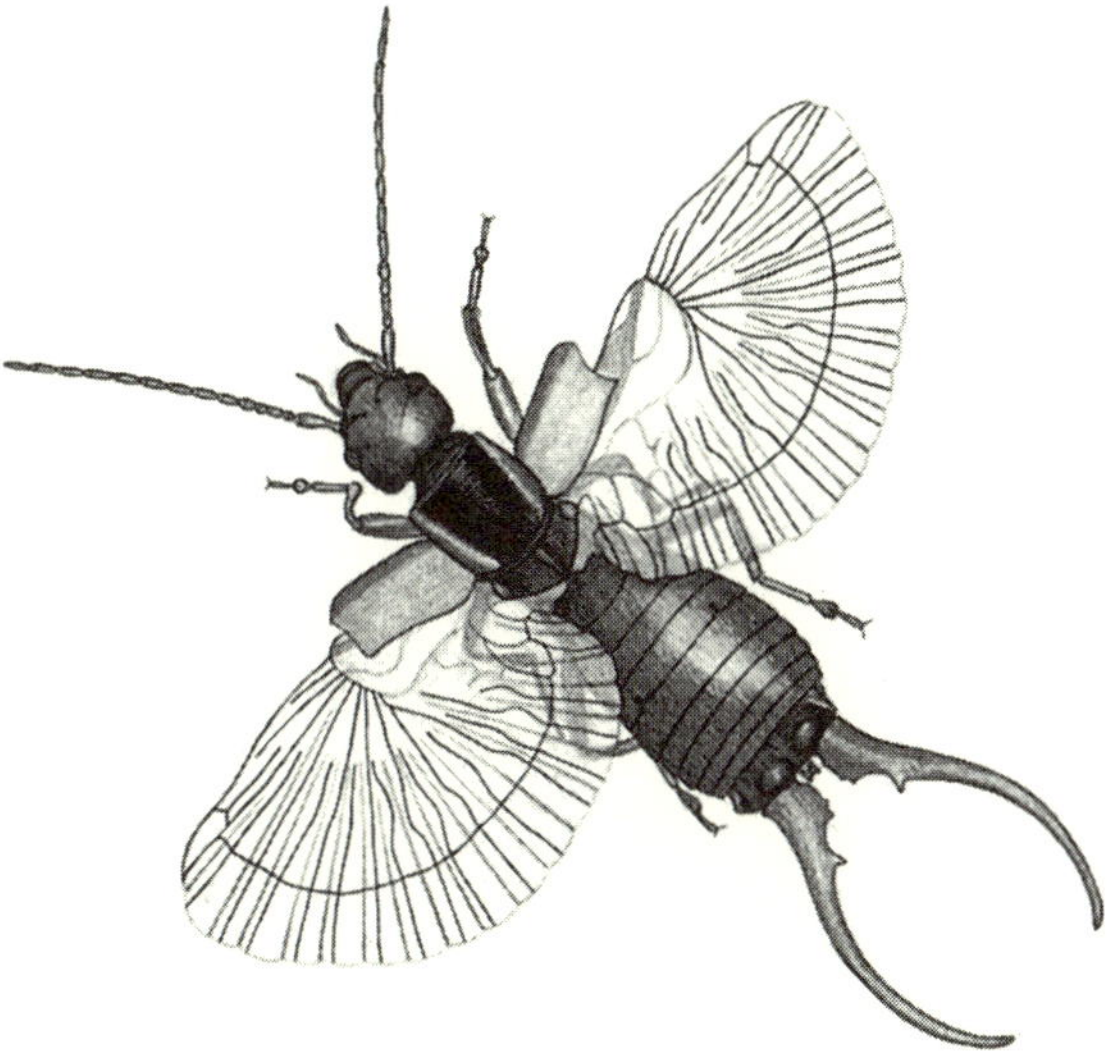

「しるし」の教義によれば、
ハサミコムシの後ろ翅が耳の形をしているのは、
耳の痛みを癒すしるしということになる

酸は、柳の学名 *Salix* からきている。

現在収斂《しゅうれん》剤としてもっとも身近なのは、髭剃りで切ったとき止血に使う血止めペンに含まれるミョウバンだが、フランク・コーワンによれば、インクの原料に使われる虫こぶのタンニンは「もっとも強力な植物性収斂剤であり」、一九世紀には広く使われていたという。民間療法にも有効なものがあることは、多くの薬物ハンターが新たな薬品開発につながる民間療法の智恵を求めて世界の隅々を訪ね、呪医やシャーマンと呼ばれる人々の知識を拾い集めていることからも明らかだ。

そうはいっても、民間療法の多くは——多くの人が無邪気にも信じ込んで用いてきたが——明らかに何の効き目もなく、科学の進んだわたしたちの目から見ると吹き出したくなるようなものもある。たとえば「テントウムシはかつて疝痛と麻疹《はしか》に効くと考えられていた。また、しばしば歯痛の薬として勧められ、一匹か二匹つぶして虫歯に詰めるとたちどころに痛みがひくといわれた」とコーワンは記している。

さらに、

一八世紀の後半、ジェルジ教授なる人物により、フィレンツェにて驚くべき昆虫（ゾウムシ）の来歴を記した書物が出版された。この昆虫に教授は *Curculio anti-odontalgicus*（抗歯痛ゾウムシ）なる名を進呈した。教授は、名ばかりでなく実際に功を奏した治療の数々を紹介し、この昆虫が歯痛を治める特質を授かっていると力説している。教授のいうには、この虫の幼虫一四から一五ばかりを親指と人差し指で揉み、体液を指に染み込ませ、その指で痛んでいる歯に触れれば、痛みが取り除かれるのである。結論として教授は、そのように液の染み込んだ指は、虫歯に触れずにおけば、歯痛を治める力を一年は保ち続けると結んでいる！

また、聾《ろう》は粉々につぶしたハサミコムシとウサギの尿を混ぜた物を耳に詰めれば治ると信じられていた。大プリニウスは、耳の痛みを和らげるには、薔薇の精油に甲虫の粉末を混ぜたものを浸した毛束を耳に詰めることを勧めている。だが、入れっぱなしにしていると「虫がわく」と警告も忘れていない。一八八三年に出版されたＪ・Ｇ・ウッズの『身近な昆虫（Insects at Home）』には、スウェーデンの農民がバッタに噛まれるとイボが消えると信じていると書かれている。また、トコジラミは蛇毒を中和するといわれていた。

コーワンは、この吸血昆虫の一番ましな使い方は、つぶして亀の血と混ぜて塗る方法だと書いている。さらに彼は、乾燥させて粉にした蚕は、頭頂部につけると「めまいや痙攣を追い払う」と考えられていたとも書いている。大プリニウスは、カブトムシを「子どもの首にしばりつけると尿を我慢できるようになる」と記している。そして、「かつてノアザミの汁はおおいなる名声を誇っていた。というのはポケットに入れておくだけで出血に対して至高の治療薬となると考えられたためである」とも書かれている。コーワンは、古代ローマのある執政官が、「生きた蝿を……白い麻布に包んで持ち歩いており、この手法を用いることで眼病を免れていると強く主張していた」と紹介している。加えてコーワンは、現代的な視点からすると笑うしかないような禿の予防法なるものも引いてきている。

プリニウスいわく、「新鮮な蝿の頭を禿げた箇所にあてがうのが、禿なる病や衰えの手軽な療法であるとヴァロは保証している。この症例では蝿の血を使う場合もあれば、蝿を焼いた灰と古い紙、あるいは木の実の灰とを混ぜた物を使う者もいる。その配合は、三分の一は純粋な蠅の灰のみとし、一〇日の間髪の毛のなくなった場所にすりこむ。ある者はさらに、例の蠅の灰にキャベツの煮汁と乳を加え混ぜ、またハチミツのほかには何も混ぜないで使う者もいる。

ヨーロッパミドリゲンセイというツチハンミョウは、水ぶくれを生じさせるカンタリジンという化学物質を分泌するが、これが危なっかしくも、かつて経口催淫薬として使われていたことがある。もちろん何の効き目もない。また昔は医者もこれを肌に塗布した。皮膚を温める刺激性の効果を狙ったものだが、ひいおばあちゃんの時代の人たちが風邪に効くと信じて、子どもの胸に芥子《カラシ》入りの膏薬を塗ったようなものだ。ロバート・L・メトカフとロバート・A・メトカフが紹介している記述にこんなものがある。

「一九世紀のアメリカで、ほぼどんな症状にもカンタリス（訳註：カンタリジンを含む劇薬）が用いられたという蛮行は、独立戦争で充分すぎるほどに疲弊していた人々の苦しみという傷口に、さらに塩を塗りこむようなものであった」

とはいうものの、これからご紹介するように、一部の昆虫や昆虫産品は有益で立派な薬剤になり、今日さまざまな疾病を和らげるのに役立っている。

ウジ療法

キンバエなどクロバエ科のウジのように腐肉あさりをする虫は、動物の死骸を循環させるという意味で生態系に欠かせない役割を担っている。その近縁で悪評芬々たるラセンウジバエは、牛や時には人間の傷口にまでたかり、健康な生きた肉を餌にするけれども、クロバエのウジは死肉しか食べない。このためクロバエ、特にクロバエとクロキンバエのウジは傷口から挫滅した組織を取り除くデブリーディングという処置に非常に役に立つ。

一九三一年、第一次世界大戦に従軍したウィリアム・ベアという軍医が、ヨーロッパで傷病兵の治療にあたった体験をつづった。

一九一七年の戦闘で、大腿骨を複雑骨折し、腹部と陰嚢に大きな傷を負った兵士が二人かつぎ込まれてきた。ふたりが傷を負ったのは戦闘中のことであり、藪に覆われた場所であったことから負傷兵を回収する際見落とされていた。そのためにふたりは七日の間飲まず食わずで放置され、雨風とそのほかの虫にさらされていた。病院に運ばれてきた際、ふたりには熱発もなく、化膿や敗血症の徴候もないことに気がついた……

これは非常に珍しいことで、即座に興味をひかれた。大腿骨を複雑骨折し、水も飲まず食べるものもなく地面に七日も横たわっていた人間が、熱も出さず敗血症にもならないでいられる理由が理解できなかった。傷口の衣類を取り除くと、どうやらクロバエのウジと思われるものが何千とうごめいていて、わたしはぎょっとした……

胸が悪くなる光景に、すぐさまいとわしい虫けらどもを洗い落とす処置にかかった。ついで通常の生理食塩水で洗浄したところ、あらわになった傷口の様子は実に目覚ましいものであった。こういう場合の傷口は、死んだ組織が再生されないのと種々の細菌のせいで膿汁だらけと想定されるのだが、彼らの傷口には見たこともないほどみずみずしいピンク色をした肉芽組織（肉芽は傷口が再生する過程の一段階）が詰まっていたのである。

ベアはその後も傷口のデブリーディングにウジを使い続けた。この療法は今日、「ウジ療法」と呼ばれている。

ベアはウジを「いとわしい虫けらども」と呼び、人類共通の偏見を表出している。だが眼前の確固たる事実に動かされ、故のない偏見を克服して先に引用した学術論文をしたため、細菌によって冒された創傷をウジで治療する方法を発表した（ウジ療法には神経の細やかな患者にも受け入れやすいような、もう少し刺激的でない別名もある。幼生療法と生物清拭だ）。

ベアの発見は特に目新しいものではなかった。ロナルド・シャーマンとエドワード・ペクターは、メキシコとグァテマラの古代マヤ人やオーストラリア、ニューサウスウェールズ州のゲンバ族、そしてビルマ（現ミャンマー）の丘陵民族がウジ療法を行っていたとしている。一八二九年、ナポレオン軍の軍医が、戦闘で被った傷のウジは感染を防ぎ、治りを早くすることを発見している。しかし、この軍医が新たな知見を実用に供してウジ療法を行ったかどうかはわからない。ベアによれば、西洋の医師としてはじめてウジ療法を実行したのは、南北戦争時の南軍の軍医であろうという。ベアは、ウジはたったの一日で、ほかに手に入るいかなる薬剤、いかなる手段を用いるよりもきれいに傷口を掃除すると述べた。そして、ウジを使ったことで、そうしなければ失われていたに違いない多くの手足、のみならず傷ついた多くの兵士の命を救えたのだと確信していた。

ベアの時代には、ウジ療法は医療技術として容認されるようになっていたと、シャーマンとその共同執筆者は記している。アメリカではおよそ一〇〇〇人の外科医がこの療法を用い、レダーレ社では無菌化したウジを一〇〇〇匹あたり五ドルで売っていた（現代の価格にすると一〇〇ドルに相当）。ウィリアム・ロビンソンによれば、一九三三年以前、アメリカ合衆国とカナダでは三〇〇におよぶ病院がこの療法を行っていたし、無菌ウジを培養する独自設備を備えた病院もあった。

サルファ剤やペニシリンといった抗生物質が普及すると、ウジは次第に利用されなくなっていく。一九四〇年代半ばまでには本当に最後の手段としてしか使われなくなった。たとえば一九九〇年、イリノイ州シャンペーンのある外科医が、慢性糖尿病患者の脚にできた深い病巣を治すのに、万策尽きてクロバエのウジを使い、婦人の脚を切断せずに済んだことがあった。外科医の看護師はわたしに、「常套手段がどれもうまくいかなければ、できることをやるしかありませんから」と語った。ここ数年、イリノイ大学の昆虫学研究室では無菌のウジを何度か地元の外科医に提供してきた。

近年、医療用ウジが使用される機会は着実に増えている。背景には、抗生物質を節度なく使いすぎたために、病原菌の耐性がとめどなく増していることがある。耐性菌の数は増える一方だ。病院にはよくあるブドウ状球菌など、現在出回っているほとんどすべての抗生物質に耐性ができてしまったものもいくつかある。シャーマンの調べたところ、二〇〇〇年には、「世界各地でウジ療法を用いる開業医ない

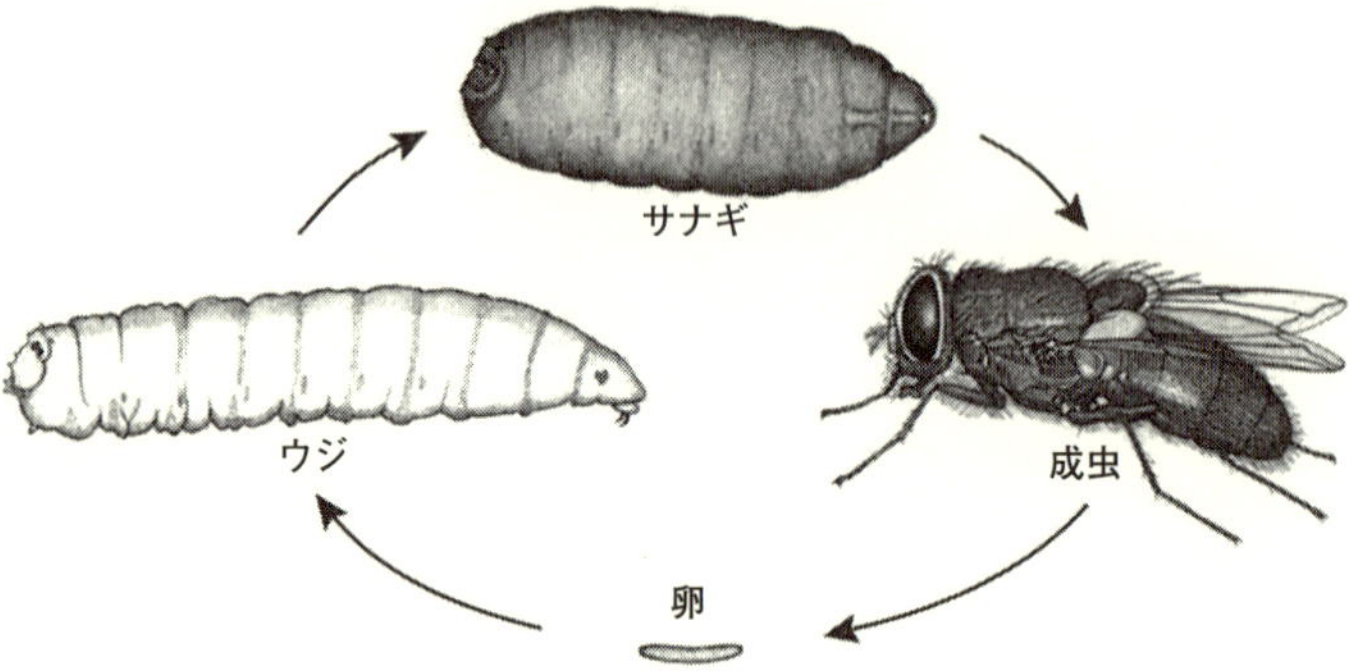

クロバエの生命環のうち、
幼生であるウジがウジ療法に使われる

し診療所の数は、一九九五年の一〇以下から一〇〇〇近くまで跳ね上がった」。また、英国では一九九五年から二〇〇〇年にかけて、七〇〇の治療施設に対して無菌ウジ一万セットが発送されたという。科学ライターのバーバラ・メイナードは、二〇〇四年にはシャーマン自身が「アメリカ合衆国内の外科医および診療所に瓶詰めウジを一五〇〇本、ほか世界各地に計三万本以上送った」と書いている。

一見、ウジを無菌化するのは難問に思われる。ニクバエの場合は確かに難しい。ニクバエは卵胎性で、卵を産みつけるクロバエとは異なり、小さな幼生を直接産みつけるからだ。生まれたばかりのニクバエのウジはごく小さくて弱々しく、傷つけることなく殺菌するのは至難のわざだ。だがクロバエの幼生は卵の殻に守られており、卵は中のウジを傷つけることなく殺菌剤で無菌化できる。

では、ウジはいったいどうやって細菌におかされた傷を癒すのだろうか。外科医が傷口を消毒しようとするときにやることを、もっと手際よく、手数をかけずにやるだけのことだ。Debridementをウェブスターの辞書（Webster's New Collegiate Dictionary）で引いてみると「傷つき、挫滅し、あるいは感染した組織を外科的に取り除くこと」とある。外科医が死んだ組織をメスで切り離そうとすると、一緒に生きている組織まで損なってしまうのは避けられない。ところがウジは死んだ組織を文字通り細胞単位で取り除き、そのうえ好みがまことにうるさいので、死んだ細胞しか食べようとしない——生きている細胞には見向きもしないのだ。ウジは、最大限まで成長すると傷口を離れるので、傷を覆っている包材から取り除かれる。自然界では、動物の死骸や生きた動物の化膿創にとりついてせっせと腹を満たしていたウジはその段階に来ると——ほとんどすべての蠅の幼虫の例に漏れず——その場を離れて地面に落ち、浅い穴を掘って蛹になる。

ウジは挫滅組織を取り除くだけでなく、傷の回復と消毒も助ける。ウジが出す物質が肉芽組織の成育を促し、それによって組織の再生を早めていることを示す証拠が続々と出てきているのである。早くも一九三五年には、ウジは傷口をたんぱく質の代謝にともなって排出されるアラントインという物質で満たし、組織の再生を促していることをウィリアム・ロビンソンが発見していた。アラントインには抗菌作用があり、これを分泌できるのはウジには好都合なのだ。彼らが好物とする死滅組織を食べようとするとき、最大のライバルはなんといっても細菌だからだ。

ハチミツの医学効用

ハチミツはおいしくて栄養豊富な甘味料だが、何百年、いや何千年も前からさまざまな人がハチミツの医学効用を記録してきた。中には単なる思い込みもあるが、実際に効力が論証できるものもある。近年ハチミツの治療効果への関心が再び高まっていることを、これから見ていこうと思う。

サミュエル・クレイマーが発表した「有史最初の薬局方（The First Pharmacopeia in Man's Recorded History）」と題する論文には、シュメールの粘土板に楔形文字で記されたパップ剤と思われる薬剤の製法が論じられ、「川の土を粉にし、水とハチミツを混ぜてこねる。『海の』油と熱いレバノン杉の精油とをその上に広げる」とある。件の粘土板はおよそ四〇〇〇年前のもので、ユーフラテス河畔に栄えたシユメールの都市ニップールの遺跡で発見された。ニップールは現在のバグダッドにほど近く、古代シュメール文明の宗教と文化の中心地だった。

エヴァ・クレインは、古代エジプトの三五〇〇年前のパピルスに書かれた文書の中に、ハチミツを使った外用薬の製法が一四七通り見られると書いている。またグイド・マジノによれば、古代エジプトのパピルスに書かれた九〇〇の医薬品のうち、ハチミツが原材料に含まれているものが五〇〇あったという。

ほかにも、「創傷や火傷、膿瘍、化膿した傷、壊血病による肌荒れの手当てに」ハチミツを混ぜることを勧めているパピルス写本が存在する。ワニの糞とハチミツ、硝石を混ぜたものが避妊薬として処方されてもいた。クレインは一九九三年にエジプトの人々から、ハチミツとレモン汁に浸した綿がいまでも避妊に使われていると言われたという。

古代ギリシャとローマでは、エジプトと同様、ハチミツだけでなく蜜蝋とプロポリスにも玉石混交とはいえ医薬価値が認められていた（プロポリスはすでに紹介したように、ミツバチが集めた樹脂を含む粘性の高い物質である）。すぐれた医師であり薬学者で、紀元九〇年に『医薬の物質（De materia medica）』を著したギリシャのディオスコリデスが、医薬品としてしばしばハチミツや蜜蝋、プロポリスに言及していたことをヒルダ・ランサムが紹介している。ディオスコリデスはギリシャ人だったが、ローマ皇帝ネロの軍隊に軍医として随伴していた。

ギリシャ語で書かれた『医薬の物質』はすぐにラテン語に、さらにそのほか複数の言語にも翻訳されて、古代地中海文明では医学の「バイブル」となり、ヨーロッパでは一五世紀末まで薬学の主要文献とされていた。この著作は五巻からなり、第二巻が、ハチミツ、蜜蝋、プロポリスなど動物や動物が生成する物質の薬品や食品としての栄養価値を論じた部分だ。

ディオスコリデスの書物からおよそ六〇〇年の後に書かれたコーランはイスラム教の聖典で、そこではミツバチが「その腹から色とりどりのシロップが出、人の薬となる。ここには確かに、思いをいたす者のための徴がある（スーラ一六章六八節、N・J・ダウッド英訳）」と語られている。一三七一年、カム・アル・ニル・ディン・アド・アミリなる人物が、ランサムにいわせると風変わりな動物書の中で、「最良のハチミツは巣にあるハチミツである。これは薬にもなるほど質がいい。しかしゆでると医薬効果を失う。ハチミツはとりわけ目に効き、犬に噛まれた犬にやるのもよい」と記している。

ヨーロッパ大陸でもブリテン諸島でも、ハチミツは何世紀にもわたって薬に使われた。キリスト教が伝来する前のフィンランドでも、ハチミツは薬効があるとされていた。ランサムの『聖なるミツバチ（Sacred Bee）』を読むと、一九世紀までは口承で伝えられていたフィンランドの叙事詩カレワラが登場する。

大地よりミツバチは速やかに起こる
ハチミツに濡れた翅をひゅんひゅんと鳴らし
すばやく翅をうごめかし、空へと舞い上がる
たちどころに月を過ぎ
日光の境目を急ぎ通る
大熊座の肩を下に
北斗七星の背を駆け上る

創造主の貯蔵庫へ
全能者の会堂へと飛ぶ
そこでは薬が調合され
膏薬が正しく製造される
銀でできた壺の中で
あるいは黄金の薬缶のうちで

死んだ息子を甦らせるために母親が求めたハチミツの膏薬もある。

これがわたしの求める膏薬
全能者の膏薬
高貴なるジュマラが使えば
あらゆる苦しみを創造主が癒す

ジュマラとはウッコともいい、フィンランドの空の神だ。
英語で書かれた最初のハチミツの本は、一七五九年にジョン・ヒルが著した『悪しき疾患の予防と、特に尿砂症、喘息、咳、しゃがれ声、朝のしつこく絡む痰をはじめとするいくつかの症状を緩和するためのハチミツの美点（The Virtue of Honey in Preventing Many of the Worst Disorders; and in the Certain Cure of Several Others; Particularly the Gravel, Asthmas, Coughs, Hoarseness and a Tough Morning Phlegm）』であろうと、

R・B・ロビンソンとエヴァ・クレインが取り上げている。注目したいのは、いまにいたるまでハチミツがよく咳止めドロップの原料に使われてきたことだ。

ランサムが紹介しているアイルランドの古い伝承で、あるアイルランド人が病気になった。髪が白くなり、骨と皮だけのように痩せてしまう。すると乞食が「『ミツバチのところに行ってハチミツをもらい、頭のてっぺんからつま先まで塗りなさい。けれどもハチミツは自分の手でとってこなければなりません。ほかの人にとってきてもらったハチミツでは効き目はありません。ミツバチはありとあらゆる花のところに飛んでいっては花の精を吸い、ハチミツに混ぜるのです。それであなたは治るでしょう。髪もまた生えてきて、顔は生き返り、頬は赤く染まるでしょう』と勧める。アイルランド人は勧めに従い、まもなくかつてないほど健康になっ」て、物語は終わる。

わたしたちが使う言葉にも、大昔の人々がハチミツを薬と考えていたことがうかがえるものがある。チャールズ・ホーグが指摘していることだが、「『薬・医学（medicine）』という語は起源が honey にある。第一音節は mead と同じ語根を持つ」。ミードは第8章で紹介したハチミツ酒で、しばしば「万能薬エリクシルとして服用された」。ウェールズのハチミツ酒メセグリンは、クローブや生姜、ローズマリー、タイムといったハーブで風味をつけたミードだ。メセグリンという名前はウェールズ語で医師を表す meddyglyn からきていて、メセグリンに薬効があると信じられていたことをしのばせる。

ハチミツは時に――現代人の感覚からすれば――明らかにばかげた効用を謳われたこともあったが、医薬効果があることを示唆する逸話は枚挙にいとまなく、現に科学的データによって立証された例もある。たとえばジョー・トレイナーは『ハチミツ、グルメな薬（Honey, the Gourmet Medicine）』で次のような逸話を紹介している。ある看護師が腕に火傷を負い、市販の塗り薬を塗った。数日後もう一方の腕にも同じような火傷を負って、今度はハチミツを塗った。二、三日経つと「ハチミツを塗ったほうの腕はきれいに治り、市販薬を塗った腕はまだ火傷跡がくっきり残っていた」。

一九九八年にはM・スブラマニャムという医師が、火傷の治療にハチミツが有効であることを科学的に示した説得力ある論文を発表した。彼はそれまでにも、ハチミツを使い、肉眼で見て火傷が治ったといえる事例について、医学誌に論文を五本発表していた。一九九八年の論文ではさらに一歩進んで、火傷を負った部位にハチミツ療法を施す前と後との組織をとり、顕微鏡を通した細胞レベルでの治療効果を論証したのだった。火傷を負った患者のうち、ハチミツ療法を受けた患者と通常のサルファ剤、スルファジアジンで治療を受けた患者を二五人ずつ無作為に選び比較したところ、治療後七日目ではハチミツ・グループの八四パーセントに目視で明らかな回復の兆候が見られたのに対し、スルファジアジン・グループで治療効果が認められたのは七二パーセントにすぎなかった。二一日目には、ハチミツ・グループは全員全快していたが、スルファジアジン・グループの全快者は八四パーセントだった。この結果は生検結果とほぼ一致した。細胞診ではハチミツ・グループの治癒率は七日目が八〇パーセント、二一日目が一〇〇パーセントであり、スルファジアジン・グループはそれぞれ五二パーセント、八四パーセントだったのだ。スブラマニャムの調査結果は、ハチミツに従来のスルファジアジンと同じか、それ以上の効果が認められることを示したことになる。

火傷以外でも、胃潰瘍、腸の不調、ある種の癌、肝臓、白内障ほか眼の病気、咳、虫歯、二日酔い、寝ぐせなどなどにハチミツが効くだとか、ハチミツのおかげで治ったという話は掃いて捨てるほどあるし、科学的な根拠があるものもある。最後のふたつなどは「症例」と言われると吹き出したくなるかもしれないが、トレイナーは大真面目だ。ハチミツに含まれる糖と酵素はアルコールの分解を促進するので、「飲み過ぎても速やかに回復する」というわけだ。ハチミツとオリーヴオイルを混ぜたものは、シャンプー前に髪につければいいコンディショナーである。

真面目な話、ハチミツが胃潰瘍を治すというのは単なる個人の感想ではなく、科学的に実証されている。胃潰瘍は現在では主に細菌が原因であるとわかっていて、また、細菌性胃腸炎による腸の不調やさまざまな眼病がハチミツで治るというのも科学的根拠がある。治癒話の一部も、厳密にいえば「実証」とはいえないけれども非常に説得力がある。たとえばトレイナーがこんな話を紹介している——医者嫌いの男性が胃潰瘍を患い、末期になっても自宅で苦しんでいた。そこで友人が、ハチミツで潰瘍が治ったというロシアの研究を教えてくれた。男性はハチミツ食療法に飛びつき、ハチミツと搾りたてのグレープフルーツジュース以外何も口にしなくなった。すると「奇跡的に」全快したというのだ。

だがハチミツはどうやって潰瘍や眼病を治すのだろうか。細菌などの微生物はハチミツの中では生育できない。第8章で紹介したように、ハチミツは糖分濃度がきわめて高く水分がごくわずかしか含まれていないので、細菌などの有機物に含まれる水分は浸透圧によってハチミツに吸い取られてしまう。微生物は水分を失い、干からびて死ぬのだ。

ハチミツには、ミツバチが集めてハチミツのもとにした花の蜜に由来する抗菌物質が種々含まれている。これは少し考えればわかることで、植物は自分の身を守るためにさまざまな物質をつくっているが、身を守ろうとする相手は植物を食べる昆虫ばかりでなく、バクテリアや菌類もそうだ。植物が異なれば自衛物質も異なるので、ハチミツにどのような物質がどの程度の濃度で含まれるかは、ハチが蜜を集めてきた植物によって変わってくる。たとえば、ニュージーランドに自生する小灌木のマヌカの蜜からできる濃い色のハチミツは、その他のハチミツよりも薬効が高いし、一般的にいって蕎麦の花の蜜などからできる濃いめの色のハチミツのほうが、淡い色のハチミツより薬効成分を多く含む。マヌカ・ハニーの抗菌作用は一様ではない。ニュージーランドでは種ごとの抗菌性を測定し、フェノールの殺菌力と対比する。その結果をハチミツのＵＭＦ（ユニーク・マヌカ・ファクター。マヌカ特有の要素、成分）として表す。ＵＭＦ10がフェノールの一〇パーセント溶液に等しい。トレイナーによれば同じ一七オンス瓶（五〇〇グラム弱）のマヌカ・ハニーでも、ＵＭＦ10以上ならば二五ドルだが、等級のついていないものはたった三・三九ドルにしかならないそうだ（二〇〇一年価格）。

ハチミツに抗菌作用をもたらしている物質のひとつが過酸化水素で、昔懐かしい消毒薬だ。いまでも家庭の救急箱に入っているかもしれない。過酸化水素は接触によって細菌を殺すが、光や空気に触れると効果がなくなるのと、濃度が高いと健康な組織も損なってしまうため、近年人気がなくなっていた。傷口に含まれる体液に触れて希釈されると、ハチミツはごく少量の過酸化水素を作り続ける。過酸化水素の生成が非常にゆっくりなため、細菌が死ぬには充分だが、健康な組織を損なうほどではない。

ハチミツに抗菌物質が含まれることは、基本的な細菌学の技術で簡単に確かめられる。アレクサンダー・フレミングが、最初の抗菌剤ペニシリンのもとになった青カビに細菌を殺す性質があると突き止めたのと同じ方法を使えばいい。手順は単純だ。細菌を栄養を含んだ寒天培地に植えて蓋をする。試験したい物質――この場合はハチミツ――を一滴、培地の表面に落とす。もしハチミツなり何なり培地に落とした物質が細菌を殺したら、その物質を落とした周辺に、細菌のない部分が「後光」のように広がるだろう。

これとは違って、特に色の濃いハチミツで酸化防止剤を含むものがある。栄養学的な意義は、活性酸素の生成を防ぐことだ。活性酸素は遺伝子の部品であるＤＮＡを傷つけ、それが加齢と関連する脳卒中や癌、関節炎などを引き起こすもととなる。ハチミツには、植物由来のフラヴォノイドという物質も含まれているが、これには抗炎症作用や抗癌作用があるとされている。

ヨーロッパでもニュージーランドでもオーストラリアでも、そのほか多くの国でハチミツは医療機関が治療薬として処方しているが、顕著な例外がアメリカ合衆国だ。アメリカの医療界ではなぜ、ハチミツが使われないどころか、馬鹿にされる傾向があるのだろうか。これはわたしの推測だ――それもかなり的を射ていると考えている――が、それはハチミツが大衆的だからではないだろうか。特許をとることができない。そのため――常に利益率をにらんでいる――薬品業界は、ハチミツからはさしたる利益をあげられないとみて、医薬品として売り出そうとするだけの関心を持てないのではないだろうか。

ところがＡＰ通信が二〇〇八年一月一日に配信した記事に「自然の抗菌剤、医学界に復活」とあり、カナダのダーマ・サイエンス社が傷や火傷の包剤としてマヌカ・ハニーを原料にしたメディハニーを開発した、と報じられた。メディハニーはアメリカ食品医薬品局の認可も受け、合衆国の医師たちにもどんどん使われるようになっている――経過は良好のようだ。ＡＰ通信の記事には、イラクの野戦病院で重い火傷を負った子どもにメディハニーを使ったアメリカ人医師が、メディハニーは従来の包剤よりもすぐれていると語ったとあった。子どもの傷は治りも早く、合併症も少なかった。医師の言葉を紹介しよう。

「今後自分の子どもにも、迷わずメディハニーを使いますよ」

蜂が作り出すものには、ハチミツ以外にも医薬効果が望めるものがある。プロポリスの抗菌作用を知るうえで、マジノの語るネズミの話は印象的かつ効果的だ。一匹のネズミがミツバチの巣に入り込み、刺されて死んだが、ほうり出すには大きすぎたため蜂はネズミの死骸をプロポリスで覆った。ネズミの死骸は朽ちることなく、やがてミイラ化したという。蜂に刺されると関節痛の痛みが和らぐという話もあるが、こちらは眉唾ものだ。蜜蝋はリップクリームなど化粧品の原料になる。バート社の蜜蝋リップクリームを世界最高のリップクリームという人は少なくない。

また働き蜂が分泌し、女王蜂になる幼虫にだけ与えられるロイヤル・ゼリーは、かねてから女性用化粧品に使われてきた。その心は、ロイヤル・ゼリーには何かしら秘密の成分があって、そのおかげで幼虫がその他大勢の働き蜂ではなく、「特別な」メスに――子孫を産めるメスに――なるのではないか、それならばロイヤル・ゼリーで女性度があがるに違いないと事実に反して信じ込まれてきたわけだ。実際にはロイヤル・ゼリーに「女性度アップ」物質は含まれない。働き蜂が通常分泌し、働き蜂になるべく運命づけられた幼虫に与える蜂の乳より糖度が高いだけだ。ロイヤル・ゼリー中の豊富な糖に刺激された幼虫は、食欲旺盛になり、ほかの幼虫より大きくなる。女王になるかどうかは、たくさん食べてほかの蜂より大きく育つかどうかにかかっているのだ。ロイヤル・ゼリーが女性を女性らしくしてくれるわけではない。

仕事上の仲間であり友人でもあるデイヴィッド・ナニーとジーン・ロビンソンがいうには、生物学の実験でもっとも多く利用される動物は、マウスやラットではなく、小さなショウジョウバエだという（熟れすぎた果物をおいておくとわく蝿だ）。ショウジョウバエが古典的な遺伝学の発達にもっとも重要な役割を果たした実験動物であり、現代の分子遺伝学の礎となり、この分野においても相変わらず重要な実験動物であり続けていることに疑いの余地はない。

二〇世紀のはじめ、ショウジョウバエを遺伝学界におけるもっとも重要な実験動物にしたのは、遺伝学の泰斗であったコロンビア大学のトマス・ハント・モーガンだ。彼は細胞の核にある染色体が遺伝因子、すなわち遺伝子を持ち、目には見えないけれどもその存在を明らかにすることができると示したのだ。いま、分子遺伝学は染色体を構成しているDNAの長い二重らせんの中で、ある遺伝子がどこにあるかを特定できるし、体の構造や生理、行動にその遺伝子がどうかかわっているかも決定できる。その研究は生命というものに対するわたしたちの理解に大きな衝撃を与えたし、いまも与え続けている。

生物はいかに進化し、働き、再生産されるのだろうか——。中でもとりわけ誰にでもかかわってくるのが、遺伝学が医療知識を高め、免疫機構について基本的な理解が深まったこと、そして嚢胞性線維症、シックル・セル・アネミア（鎌状貧血）、血友病、テイ＝サックス病など、数多くの遺伝病の起きるしくみが解明されてきたことだ。

第1章でわたしたちは、人間に好かれている昆虫と出会った。小さなかわいらしいテントウムシには頬も緩むし、きらめく蛍は夜を明るくする。美しい蝶は夏を鮮やかに彩ってくれる。ここでわたしたちは、人間を楽しませてくれる昆虫や、文化の裾野を支えている昆虫へと目を向けてみよう。声を楽しむためペットとして飼われるキリギリス、大金が賭けられる闘蟋《とうしつ》のコオロギ、サーカスのノミ、そして裏方に回り、博物館や動物学教室で骨を掃除するために使われている髪や肉を食う甲虫に登場願おう。

第10章

コオロギのコーラス、ノミのサーカス

歌うコオロギ

秋になると時折、コオロギが家の中に入り込み、居間の暖炉の中を根城に決め込むことがあった。大歓迎の客人だった。姿はまず見られなかったが、妻も娘たちもわたしも、夜ともなれば楽しげに鳴きはじめる歌を楽しんだものだ（ご安心を！　わが家が暖炉に火を入れる頃には、コオロギはいなくなってい た）。人によっては家の中に入ってくるコオロギを歓迎しない。ゴキブリといっしょくたにしているのだろう。だが、温かく迎え入れる人は多い――後で紹介するように東洋では特にその傾向が強いが、ヨーロッパでも北米でも、コオロギを好む人は思いのほか存在する。チャールズ・ディケンズの『炉辺のコオロギ』では、ドット・ピーリビングルが夫の帰宅を出迎えるのに合わせるようにコオロギが鳴き出す。夫が「今夜は特に楽しそうだね」と言うと、ドットは「コオロギがわたしたちにきっと幸運を運んでくれるわ！　炉辺にコオロギがいるって、世界で一番運がいいことよ！」と喜ぶ。

わが家にやってきていたコオロギは大型で、つやつやして茶色い翅と長くて優雅な触角を備えた黒いヤツだった。ヤツというのは、メスは鳴かないからだ。コオロギもほかの成虫の多くも、鳥と同じ理由で「歌う」。オスを縄張りから追い払い、メスを引き寄せるためだ。言うまでもないが、オスにもメスにも耳がある。ところがその耳は、わたしたちからすればどうして、と思うようなとんでもない場所についている――最も長い肢それぞれの付け根のところだ。ジョン・ヘンリー・コムストックが、コオロギがいかにして鳴き声をたてるかを解説している。コオロギのオスは羊皮紙のような厚い前翅（鞘翅）

をおよそ四五度の角度に持ち上げ、片方の翅のろ状器という部分に沿って、もう一方の翅の摩擦片という部分を擦らせることで音を出すのだ。『コオロギとキリギリス、合唱と独唱（Crickets and Katydids, Concerts and Solos）』という楽しい本の中で、ヴィンセント・デシエはそのさまを「ヴァイオリンの弓で弦を弾くと弦が振動し、その振動が柱を通じてヴァイオリン本体に伝わって共鳴しはじめるように、コオロギも小さな歯の並ぶろ状器に摩擦片を擦らせ、鞘翅を共鳴させる」と綴っている。

コオロギの名前（cricket）は擬音語で、彼らが発する音からきている。「英語名のcricket、フランス語のCri-Cri、オランダ語のKrekel、そしてウェールズ語のCricell……がいずれもこの虫が発するクリッククリックという音からきているのは明らかだ」と、フランク・コーワンも記している。

コオロギの仲間に、「温度計昆虫」と称されるものがいる。鳴き声が気温を示すことがあるからだ。昆虫は——カエルやトカゲ同様——変温動物で、自分の体温を自分で調節することができないため、歌やその他の活動をどの程度できるかは、気温にかかってくる。暖かければ鳴き声は速くなり、涼しければ遅くなる。そのため、コオロギの鳴く声の周波数で気温を計算することができる。たとえばポール・バリアードは、わが家にもしばしば訪れていたフィールドコオロギの鳴き声の周波数から気温を割り出す計算式を編み出した。きっちり一五秒の間にフィールドコオロギが何回鳴くかを数える。その数プラス五〇が、そのときの気温（華氏）になる。スノーイ・トゥリー・クリケット（キリギリスの仲間）が一五秒の間に鳴く回数プラス三七も気温（華氏）になる。

今度田舎道を散歩するとき、ことに低木の林の脇の牧草地の近くを通るときには、足を止めてコオロギとバッタ、キリギリスの合唱に耳を傾けてみてほしい。デシエはニューハンプシャーの初夏ならではの昆虫のコーラスを楽しく、確固たる知識に裏付けられた筆致で描写している。

うららかな六月頃から、新たな音楽家が少しずつ楽団に加わる。音楽にはとうに、豊かで複雑な響きが増し、調子の変化も聴かれるようになっている。そこに、新たな音色、新たなテンポ、新たな楽節が持ち込まれる。もちろん、音楽に喩えるには誇張がある。昆虫の世界では、それぞれの楽器はひとつの周波数にだけ合わせられたごく初歩的な仕掛けだからだ。だがその一方で、楽器は種類が豊富で曲を作り出すための音には事欠かない。そしてすべてが合わさると、フォルテあり、ピアニッシモあり、コーラスあり、独唱あり、変奏部もある。旋律といえるようなものはなく、全体を統合する編曲者も、解釈し導く指揮者もいないが、その総体が奏でているのは、勝ち誇る自然の賛歌なのである。

一八九八年、当時東京帝国大学で英文学を講じていたラフカディオ・ハーンは日本人が自然の世界に深い愛情を抱いていることを記録している。その愛は、今日もほぼ変わることがない。

だが鳴く虫を（小さな籠に入れて）飼うことが流行りになるずっと以前から、虫の音は秋を愛でる喜びのひとつとして歌人たちに称えられていた。一〇世紀に編まれた歌集にも鳴く虫に触れた美しい箇所が多々あり、それよりも以前の時代に作られた作品でも数多く鳴く虫が謳われていることは間違いない。そして、桜や梅など花をつける木々の名所が、ただ盛りの花を愛でるためだけに毎年何千何万という見物客で溢れるように、——古来町人は、蟋蟀《コオロギ》やキリギリスの鳴く声を楽しむだけのために秋ともなると田舎へと出かけていったものだ――特に、夜の虫の音を聴くために。

日本や中国で、コオロギなどの鳴く虫を、その声を愛でるために籠に入れて家で飼う習慣があるのは広く知られている。これについては後で――一九世紀にはヨーロッパでもこうした習慣が決して珍しくはなかったことをご紹介したうえで――もっと詳しく触れよう。コーワンの著書には、スペインでは「流行に敏感な人々」が「バッタの一種――現地の言葉でグリリョ（Gryllo）――をグリラリアと呼ばれる籠に入れ、歌を楽しんだ」とあり、カナリアと同様、ミサの間に歌わせるように、教会でも飼われていたという。ここでいう「バッタ」はおそらくコオロギだろう。イナゴやバッタの啼く声はとりたてて快くはない。それに Gryllo はコオロギ科昆虫の学名である *Gryllidae* とラテン語の語根が同じだ。コーワンとは別にハーンも、ドイツでは子どもがコオロギを入れるために特別に工夫した小箱に、鳴く虫を飼うことを紹介している。

「子どもたちは夜、小箱に入れたコオロギを寝室に持ち込み、虫たちの奏でる子守唄に慰撫されて、眠りにつく」

鳴く虫を飼う習慣はおそらく中国ではじまり、その後日本に伝わったものだろう。一九二八年、スー・イン・チは「その美しい震え声、彼らの『歌』は、……古来中国の人々の関心の的であった。それゆえに人々はコオロギを囚われの身となし、好きなときに演奏会を聴こうとするようになった」と書いている。一九二七年にシカゴで行われた野外自然史博のパンフレットで、バートルド・ローファは、中国では唐の時代（紀元六一八―九〇六年）に虫の音を楽しむためにコオロギを籠で飼うようになったと解説している。一三世紀はじめ、宋の時代には、宰相のカ・ジドウが『コオロギの書（Tsu Chi King）』

を著し、それが一九世紀になっても流布していた。ローファは、「著者は自身も熱心なコオロギ愛好者で、知っている限りあらゆる亜種も含めたコオロギのすべての種について細かく分類しひとつひとつ詳述したうえ、扱い方と世話の仕方を長々と書き記している」と紹介して、こう伝えている。

コオロギへの賛歌が中国最古の俗謡集『コオロギの書』に収められている。当時の人々は、コオロギが部屋の中や寝台の下を歩きながら鳴く声を楽しんだ。コオロギは幸運のしるしとされ、炉辺にコオロギがたくさんいるのはその家族に富がもたらされる予兆と考えられていた。秋、コオロギの鳴く声が聞こえると、織工が仕事をはじめる合図となった。

マイターコオロギの鳴く音は……中国の人々に織り子が操る杼の音を連想させる。そのため、コオロギにツーチの名があてられたが、これは字義通りに訳すと『糸紡ぎを鼓舞する者』という意味になる。『織り子の杼の鶏』は、コオロギの愛称だ。

八世紀に書かれた中国のある書物には「宮廷の貴婦人たちが」コオロギを捕まえて小さな金の籠に入れ、枕元に置いて夜、虫の音を聴いたとある。庶民は竹や木で編んだ籠を使ったが、そうした籠は実に見事な工芸細工であった。後年、冬の間コオロギを入れておく籠は瓢箪で作るようになったが、粘土の鋳型に入れて人工的に――しかも実に風雅に――形成した瓢箪が使われた。まず瓢箪ができる前の花を鋳型に入れる。鋳型がどんなに奇抜な形をしていても、その中で瓢箪は鋳型のままに大きくなっていく。宮廷に献上される瓢箪籠は、鋳型に模様を深く刻み込んで高く浮かせた浮き彫り細工が施された。コオロギ入りの瓢箪を衣服に押し込んで出かける人もいた。ローファは「道で人とすれ違うとき、暖か

中国製の籠に入れられて歌うコオロギ。
中国でも日本でも、歌うコオロギは大切にされている

な隠れ場所の中で甲高く鳴いている虫の音が聞こえてくることもあった」と書いている。夏になると、巧みに彫刻を施した胡桃の殻にコオロギを入れ、帯から提げて歩く金持ちもいたという。

一九二〇年代、またそれよりずっと以前からも、中国の市場ではコオロギが売買されていた（つい先日のことであるが、イリノイ大学昆虫学科で学ぶイン・ワンという大学院生が、きれいな細工の籠に入った鳴く虫、特にキリギリスは、中国では現在も売買されていると教えてくれた）。かつては、家の中で一〇〇匹単位でコオロギが飼育されていて、いくつもの部屋が夏にコオロギを入れておく土甕でいっぱいになった。繁盛している「コオロギ農場」では、専門家を雇って世話をさせた。夏場、コオロギには新鮮なキュウリやレタスといった青物野菜が与えられた。冬になると瓢箪に入れられ、栗や豆の粉末を与えられたが、中国南部では魚粉や昆虫、時には「強壮剤」としてハチミツまで与えられることがあった。

ハーンの案内に従って、一九世紀末東京の寺社の祭りの宵、屋台のひしめく中をそぞろ歩いてみると、あちこちの屋台が美しく、西洋人であるわたしたちの目には異国情緒たっぷりな品々を並べているのが目に入ってくる。素晴らしい色とりどりの玩具、悪魔や神様、鬼をかたどった人形、恐ろしい形相を透かし絵で描いた巨大な万灯など――そうした中に「幻灯のように光り輝く屋台があり、たくさんの小さな木の籠から甲高く、えも言われない鳴声が絶え間なく湧き上がっている」。それが鳴く虫を売る屋台で、甲高い鳴き声はコオロギをはじめ、鳴く虫の音の入り混じったコーラスだ。美意識の高い日本人の生活では、「風流な趣味人にとって、こうした鳴く虫の占める位置は重要で、西洋人がツグミやヒワ、ナイチンゲールやカナリアを愛でるのに劣らず、当然のように大切にされているのである」

日本では、鳴く虫を飼う習俗を記録したものは一〇〇〇年近くもさかのぼる。ハーンは『古今著聞集』という書物の一節を引いている。

嘉保二年（一〇九五年）八月一二日、殿上のおのこども嵯峨野に向て、虫をとりてたてまつるべきよし、みことのりありて、むらごの糸にてかけたる虫の籠をくだされたりければ、……野中にいたりて、僮僕をちらして虫をばとらせけり。夕に及て、虫をとりて籠に入て、内裏へかへりまいる。……中宮御方へまいらせて後、殿上にて盃酌・朗詠などありけり。中宮、女房……

ハーンによると、東京で鳴く虫の「売買が職業として成立」したのは、一八世紀後半（寛政年代）のことだという。一八九七年までには、東京ではコオロギなど一二種類の鳴く虫を買うことができた。その頃には繁盛している卸売りや虫を養殖する業者は何軒かあり、宗教上の祭礼の折に立つ縁日で実際に虫を売る虫屋は大勢いて、しかも縁日は、一年中東京のどこかしらで開かれていた。

「しかし、いまでも都会に住んでいる人びとは、宴会など催すとき、来客にこうした小さな虫たちの鳴く音楽を楽しんでもらい、その音楽が呼びおこす田舎の平和な思い出や感興を味わってもらうために、時おり、鳴く虫を入れた籠を庭の灌木の繁みに置くことをしている」とハーンは記している。

そうした鳴く虫の中でもとりわけ愛好されているのが鈴虫で、中国ではいまも人気が高い。その音をハーンは、非常に小さな鈴か、「神道の巫女が神楽を舞うときに使う、あの小さな鈴の一束のそれ」のようだと言っている。ハーンは名高い鳴く虫を謳った美しい和歌も訳した。

ふり出でて　なく鈴虫は白露の　玉に声ある　心地こそすれ

コオロギのことは、おそらく八世紀頃に編纂された、『万葉集』という、いままでに知られている日本で一番古い歌集に記載がある。

庭草に　村雨降りて　コオロギの　鳴く音聞けば　秋つきにけり

この歌をハーンは、こう訳している。

庭の草に雨が降り散った。コオロギの鳴く音を聞くと、秋がやってきたと知る

ハーンが暮らした当時の東京で普通に売られていた大きくて緑色のクツワムシの名は、そのすだく音が、「日本の昔風の轡《くつわ》をチャリンチャリンと鳴らす音に似ているところから」きている。「夜、遠くから聞いていると、その音は誠に楽しい。そして実際に、いかにも轡のチャリンチャリンと鳴る音に似ていることから、……昔からたたえられているこの虫の名に、いかに多くの真の詩美が存在しているかを感ぜずにはいられない」

クツワムシを詠んだ歌のもっとも古いものはおそらく和泉式部の作であろう（ハーンの翻訳がある）。

わがせこは　駒にまかせて　きにけりと　きくにきかする　くつはむしかな

ロバート・ペンバートンによると、日本人はいまでも籠の虫の音を愛でるが、一八九八年にハーンが記した凝った「コオロギ文化」はすたれ、近代化されている。細い小枝や竹、あるいは針金で作られ、凝った細工を施された籠のかわりに、透明なアクリル板のテラリウムが用いられる。テラリウムに土を入れ、鳴く虫数種と餌をセットにしたものがペットショップで売られているのだ。鳴き声を似せた電気仕掛けのキリギリス人形も、二、三ドル相当で手に入る。もっと精巧で本物の鈴虫そっくりの音を出す装置が、一九九〇年東京の三越百貨店で二〇〇米ドル相当で売られていたこともある。虫の音を集めたCDが売られ、地下鉄駅の構内といった公共の場所で流されている。

闘うコオロギ

日本にはないが、中国では宋の時代（九六〇―一二七八年）から闘蟋が盛んだ。多くの人にとって闘蟋は単なる娯楽ではなく、勝敗の行方に金を――時には大金を――賭ける者たちには欲望の対象であり、依存の対象ですらある。広東（現在の広州）では、一度の試合でコオロギの飼い主と見物人から、一〇万ドルからの賭け金が集まることもあるとスーは言っている。ドルというのが米ドルなのかそれ以外のドルなのかまでは明らかにされていないのだが。

闘蟋の話に移る前に少し寄り道をして、コオロギがなぜ鳴いたり闘ったりするかを知っておいたほうがいいだろう。つまり、歌ったり闘ったりすることがコオロギの一生にもし生物学的な意義を持つとしたら、それは何かということだ。簡潔に答えるとすれば、それはすべて性と生殖のため、ということができる。ロバート・マシューズとジャニス・マシューズは、オスのコオロギに二種類異なる唄い方があるという。耳慣れた虫の音は、大声の「誘い歌」で、メスをオスのねぐらへと呼び込もうとするものだ。交尾が終わるとメスはその場を離れて長くとがった産卵管を土に刺し、卵を産む。もう一種類の歌は「激しい競り合いの歌」で、音量はあまりなくて人間の耳には聞きとれないほどだが、誘い歌とは明らかに異なり、巣の占有権を奪おうとオスがやってきたとき、新規のオスともといたオスの両方が歌う。その後競り合いに負けた方のオスは退散する。

L・H・フィリップスⅡ世とM・コニシは工夫を凝らした実験で、激しい競り合いの歌にはオスのコオロギを怯ませる強力な効果があることを突き止めた。ふたりはまず、たくさんのコオロギのオスに個体識別するための印をつけた。それから、それまで出会っていないオス二匹を狭い籠に入れ、始終顔を合わせて闘うように仕向けた。

いくつもの闘いが繰り広げられた後、負けてばかりいるコオロギに麻酔をかけ、肢の付け根にある耳を除去して聴覚を奪った。そのうえで聴覚を失った負けコオロギをかつての勝者であり、聴覚を失っていないオスと闘わせた。すると以前は負けてばかりいたオスたちが、今度はかつての勝者をほとんどことごとく打ち負かしたのである！　考えられるのは、耳の聞こえないコオロギには相手の激しい競り合いの歌が聞こえないから怯まなかった、ということだ。逆に聴覚を奪われていないほうのオスたちは相手——聞こえないけれども音を出すことはできる——の歌う激しい競り合いの歌に怖じ気づき、勝負に負けたのだろう。わたしの知る限りでは、闘蟋の飼い主たちは、まだ自分のコオロギを王者にするために耳をつぶしてはいない。

強いコオロギには高い値がつく。「王者のコオロギには最高一〇〇ドルの値がつくが、これは中国では駿馬と同じくらいの値段だ」とローファは書いている。闘うコオロギには通常、米に新鮮なキュウリ、ゆで栗、ハスの種、それに蚊を混ぜた餌が与えられる。コオロギ飼育者の中には、蚊に自分の血を吸わせ、腹いっぱいにさせたところで一番有望なコオロギにその蚊を食べさせる者もいる。ローファによれば、ベテランのコオロギ使いはコオロギの病気を熟知していて、治療法も心得ている——効くかどうかは別として——そうだ。食べすぎで調子の悪くなったコオロギには「赤い昆虫」が与えられる。寒さで具合が悪いときには蚊、暑さが原因の時には緑豆の芽がいいという。

「試合は空き地や広場、『秋の楽しみ』と呼ばれる特別な場所で行われる」とローファは記している。絹の布をかけたテーブルに闘技場となる陶器の壺が置かれる。闘う二匹は体重別に組まれ、闘技場に出される前に小さな秤で慎重に計測される。二匹が闘いたがらないときには、審判役の「監督」がネズミかウサギのひげを葦や骨、象牙の取っ手につけた「くすぐり刷毛」で撫でたりつついたりしてけしかける。くすぐり刷毛はたいてい木か竹の筒にしまわれているが、「金持ちは贅を凝らし、獅子の彫刻などを施した優美な象牙の筒にしまっている」こともあるという。さて、けしかけられた二匹はやがて容赦ない闘いをはじめる。勝敗はたいてい、どちらか一方の死という形で決着がつく。「より機敏で強いほうが……相手の体にのしかかり、頭を完全に引きちぎってしまう」からだ。

スーによれば、虫の王者は試合の後、手厚く世話をしてもらえるという。

闘いの後、戦士には三日から五日の休みが与えられなければならない。三〇回から四〇回闘った場合は休息期間は七日になる。重傷を負った虫は一日ないし二日はメスと離しておく。たった一試合だけ闘って勝者になった虫は一層注意深く世話をされ、次のような手当てを受けてからでなければ試合には出されない。試合の後、勝者はウキクサの汁で水浴びをし……その後きれいな水を浴びる。子どもの尿と水を同量ずつ混ぜたものを皿に入れて与える。メスは二日から三日遠ざけておく。勝者たちはそうやって、もとの戦力を取り戻す。顎に傷を負ったものにも、子どもの尿と水を混ぜたものが与えられる。

スーはさらに、王者は死ぬと王者にふさわしく葬られると述べている。

「何度も勝利をおさめたコオロギは『常勝将軍』の名を奉られる。死ぬと小さな銀の棺におさめられ、おごそかに埋葬される。将軍の飼い主は幸運に恵まれ、翌年にはコオロギを埋めた場所の近くで次なる優秀な戦士を見つけることができると信じられている」

闘蟋の勝利をにぎにぎしく祝うさまを、ローファが巧みに描写している。

晴れがましい優勝者の名前は象牙の板に刻まれ……幸運なる飼い主の家に学位記さながら恭しく飾られる。名前が金文字で彫られることもある。勝利は、祝宴を催す喜ばしい機会になる。音楽あり、銅鑼が打ち鳴らされ、旗が振られ、花が撒かれ、行列の先頭で勝者のプレートが誇らしげに掲げられて、喜びに酔いしれた勝者は仲間たちとともに誉れあるコオロギを家へ連れて帰る。勝者の栄光は近在全体に降り注ぎ、アメリカでゴルフや野球のチャンピオンを輩出した町が有名になるのとちょうど同じように、勝者の村も名声を得る。

イン・ワンが、闘蟋は中国ではいまでも人気だと教えてくれた。毛沢東が中国共産党主席だった一九四九年から一九七六年にかけて闘蟋は禁止されていたが、D・K・M・ケヴァンとC・C・シュンが指摘するように、英領香港では当時も賭け闘蟋は盛んに行われ、多くの人がのめりこんでいた。ワンいわく、現在中国で賭博はご法度らしいが、闇賭博が隆盛していることは賭けてもいい。世界中どこでもそうなのだから。

骨掃除屋のカツオブシムシ

中国や日本で昆虫ペットが愛好されているほどには、アメリカでは虫はペットとしての人気はない。ただアメリカ人――とカナダ人――が喜んで飼おうとする虫もいくつかある。蟻の「農場」は特に子どもに人気が高い。ガラス越しに忙しい蟻たちがせっせと巣を行き来する様子をいつまでも眺めていられる。中には自分で蟻を捕まえてきて、自家製の蟻農場をこしらえる人もいる。マイケル・トゥイーディの『虫がくれる喜び（Pleasure from Insects）』に間違いようのない作り方が載っている。とはいえ市販の蟻農場と蟻を買ってきたほうがもちろんずっと楽だ。ペットショップに行けばたいてい売っている。たとえばイリノイ州シャンペーンのあるペットショップでは、三〇ドルくらいで蟻農場を売っていた。

インターネットでも、自分で組み立てるキットも含めて、蟻農場を売ってくれるサイトがたくさんある。

蚕を育てるのは、年長の子どもや大人にとって、楽しくてためになる経験だ。卵は生物類の卸商で手に入る。定期的に面倒を見なければならないものの、蚕を育てるのは比較的やさしい。というのは第2章で見たように、蚕は完全に飼いならされているため、閉じ込める必要がないからだ。めいっぱい成長して繭を作りはじめるまで、餌のある場所から決して動こうとはしない。工業規模で蚕を育てるいささか面倒な方法はすでに紹介したが、趣味として少数の蚕を育てる方法は、ポール・ヴィリアードが教えてくれる。容器は浅い鍋のようなものならなんでもいい。蓋はいらない。そしてカラヤマグワ（カイコはそれ以外のものを口にするくらいなら飢え死にを選ぶ）の木から摘み取ってきたばかりの新鮮な葉を与える。容器の葉が食いつくされたら新しい葉を蚕の上にかぶせる。だがご注意あれ！　蚕は小さい頃は少ししか食べないが、大きくなってくるとものすごく食いしん坊になり、想像以上の速さで葉を足していかなければならなくなる。幼生期の最後の八日間で、蚕は生涯で食べる葉の全量の九五パーセント近くを平らげる蚕もいるのだ！　数日ごとに排泄物を取り除かなくてはならない。蚕がそわそわしてくると、繭を作りにかかる時期で、卵の容器や小枝を束ねたものをあらかじめ入れておくと、そこで繭を作る。

マダガスカルのオオナキゴキブリは昆虫館でよく展示される虫で、常に人気の的になる。飛びぬけて大きな昆虫で——オスだと一〇センチになることもある——ロバート・バースによるとずっしり重くて翅がなく、森の地面に積もった堆積物の下に棲息している。知られているだけで三五〇〇種近くいるゴキブリの中では少数派で、姿も見目よく、人家に入って害虫になったことはない。その名を知らしめているのはシーシーという大きな音で、オスが警戒しているときや別のオスと闘うときに、呼吸器のふたつの穴から空気が噴き出すことで出る音だ。この種は生殖の方法がまた変わっている。ルイス・ロスの言うことには、ほかのすべてのゴキブリ同様、卵はカプセルに入った状態で体外に押し出されるが、ほとんどの種と異なり、カプセルは「子宮」というか抱卵嚢に取りこまれ、孵化寸前までその中で育てられる。

ヒメカツオブシムシとかヒメマルカツオブシムシ、オビカツオブシムシなどと呼ばれるカツオブシムシ科の甲虫は、種によって死肉や革、毛皮、ウール、保存食といった有機物を食べるが、乾燥した昆虫標本まで食べてしまう。ドナルド・ボロアーらは、「昆虫学を学ぶ学生はいやでもこの一群の昆虫たちに出会うことになる。この仲間を捕まえたければ昆虫標本を作ってその辺に放ったらかしておけばいい」と書いている。博物館ではマルカツオブシムシ属の二ミリ半くらいしかない小さなカツオブシムシ──博物館虫とも呼ばれる──が、昆虫標本ばかりか無防備な鳥や哺乳類の剝製まで食べてだめにしてしまう。鳥や哺乳類が生きている間、食べられていたあだ討ちとといれなくもない。だが間もなくご紹介するように、博物館の学芸員たちは「あだ討ち虫」のごく近縁であるカツオブシムシ属のカツオブシムシを、骨格標本を作るために鳥や哺乳類の骨についている肉片を取り除くのに使っている。体長八ミリほどになる骨掃除虫は、博物館虫よりかなり大きい。

自然状態ではどちらも腐肉を食べる。小さな博物館虫は皮とか羽根とか乾いてミイラ化した肉を好み、水分を含んだ組織をウジなどがきれいにさらってしまうまでは死骸には近づかない。

多くの博物館で骨掃除屋のカツオブシムシを飼っていることは、E・レイモンド・ホールとW・C・ラッセルが一九三三年に書いた通りだ。当時は掃除させる骨がないときには羊の頭などを与えていたが、現在では犬用のドライフードが与えられる。たとえばリスをきれいに白骨化したい場合、まず皮膚をはがして内臓を抜き、筋肉を大方はぎとってから、カツオブシムシが何千とうごめいている容器に入れる。カツオブシムシは成虫も幼虫もリスの肉を食べるが、作業のほとんどは幼虫がやってのける。幼虫のほうが当然ながら成長が激しく、そのため成虫より多くの食物を必要とするからだ。マウスや、ラットの頭など小さな標本なら一日か二日ですっかりきれいになる。アザラシなど大型の場合には一週間から二週間くらいかかるかもしれない。

『死体につく虫が犯人を告げる』なる読みはじめたら止められない司法昆虫学の著書で、M・リー・ゴフは「骨掃除屋」のカツオブシムシは死骸が乾きかけてからやってくると指摘している。これではカツオブシムシが新鮮な肉は食わないという誤解につながりかねないが、骨掃除屋たちも肉汁たっぷりの肉を食べる気は満々だ。ただ自然界においてはウジを筆頭に競争相手になる虫が多数ひしめいていてそれができない。

ゴフは、動物の死骸が分解される――つまり分子が土に還る――過程は、さまざまな昆虫や微生物が入れ替わり立ち替わりかかわって成し遂げられると説明している。その過程はまず、死からわずか数分後にクロバエ、とりわけアオバエが死骸に卵を産みつけるところからはじまる。何千というクロバエのウジが肉をあらかた食べつくす。彼らはやがて舞台を別の虫に譲り、いくつかの段階を経て最後に登場するのがカツオブシムシだ。残りかすの乾いた皮膚片や、いつかは齧歯類やある種の昆虫に食べられてしまうむき出しの骨にはりついた毛を始末する。

この交代劇を理解することで、何日も何週間も、あるいは何カ月も放置されて検屍官にも死亡時期の特定できない死体の死後経過時間を推定することができる。ウェイン・ロードが紹介している実例で見てみよう。

あるとき、衣類はきっちり身に着けているのにほぼ白骨化した男性の遺体が道端で発見された。解剖の結果、死因は自然死だった。身元を特定するために、男性が死亡したと思われる時期の失踪人名簿と突き合わせることになった。遺体の状況を見た検屍官は、発見される二カ月から三カ月前に死亡したものと判断した。その時期の失踪人の記録を調べてもそれらしい人物は見つからない。ある司法昆虫学者が、死体にクロバエの蛹があるのを見つけたが、これは死後三五日以上は経過していないしるしだ。昆虫学の観点からさらに綿密に調べてみると、男性の死は発見される三〇日前であろうと推定された。それがわかると、死体が発見される三一日前に、現場近くでヒッチハイクする男性が目撃されていたことが明らかになったのだった。

ノミのミニチュア・サーカス

P・T・バーナムは、サーカスには象が付きもの、それも彼のサーカスのスターだったジャンボのように大きな象がいなければはじまらないと信じていたかもしれない。とはいえ演じるのがちっぽけなノミだけでも、少数とはいえ目の肥えた観客を集めるサーカスがかつてあった。アメリカ合衆国最後の――そしておそらく世界でも最後の――ノミのサーカスは、一九五〇年代の終わり、座長の死とともに幕を閉じた。わたしがそのミニチュア・サーカスを見たのは、ニューヨークのブロードウェイにほど近い四二丁目のアーケードだった。舞台は一〇人かそこらの人が囲めるほどのテーブルの上だった。演技の内容はあまり覚えていないが、ほとんど目に見えないくらいの小さなノミの力強さにいたく感心したのを覚えている。あるノミは一匹で自分の一〇〇倍くらいはありそうなおもちゃの馬車を引っ張ることができた。

演技するノミの歴史は古い。コーワンは一七四五年にロンドンでビングリー氏なる人物によって書かれた文章を紹介している。「ストランド街の発想豊かな時計師が陳列したるは……装備をすべて備え、御者台に人形を座らせ、これすべてを一匹のノミだけで引いている象牙の四輪馬車」。一八三〇年のイングランドはケント州の縁日で、三匹で軽々と荷車を引くノミ、二匹で荷馬車を引くノミ、真鍮の大砲を引っ張るノミを見世物にしていた男性がいたという。「興行師はまず見世物すべてを拡大鏡で見せ、その後肉眼で見せた。そうすると見物客もみんな、だまされていないと納得したものだ」とコーワンは記している。

一八七七年、W・H・ドールはニューヨーク東一六丁目付近のブロードウェイの門口に、「訓練を積んだノミの見世物」という表示が出ているのに目を留めた。ドールは少年時代、訓練を積んだというノミの驚くべき演技に、「不信の念の混じった特別な関心」を寄せたことを思い出した。そこで彼は中に入って見世物を見物した。ノミの演技をつぶさに観察したドールは、ノミはいかなる意味でも訓練されているわけではなく、演技はすべて、虫がなんとかして逃れようと試みている結果であると結論づけた。

ノミはいずれも肢を動かすのだけは妨げないようにして、何らかの物体に「ハーネスで」つながれて

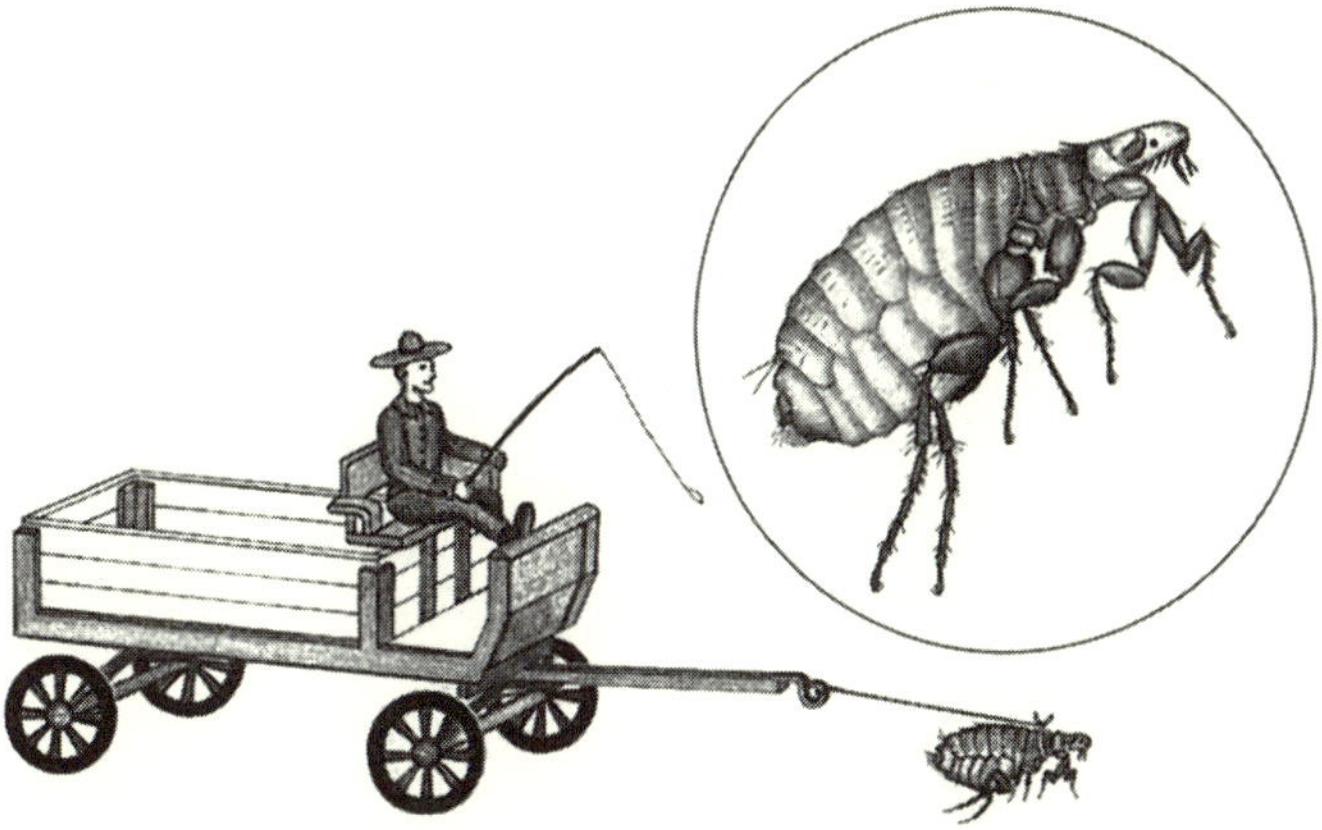

ノミのサーカスで、自分の何倍もの重さがある
おもちゃの馬車を引っ張るノミ

いる。ハーネスは絹糸でノミの「首」にまわされ、上に結び目が作ってある。ノミが引かなければならない物体とハーネスとをつなぐ毛や細い針金は、その結び目に接着してある。ドールによれば演技させられるのはメスだけだそうで、それというのもオスは体がもっと小さく、「どこまでも御しがたく、押し並べて動きたがらない」からだという。演技するノミは「曲芸団長」の皮膚の血を吸って、おおむね八カ月ほど生き続ける。

一匹のノミが引かされるのは、美しく作られた鉄道馬車、乗合馬車、一輪車の模型だが、蝶を引っ張ることもあった。ノミの背中の結び目に、ティッシュペーパーか絹布といった軽い素材を衣装よろしく張りつけてある。ドールには踊るノミが一番の見もので、はじめのうち、ノミのサーカスの中でももっとも不可解だったという。複数のノミのオーケストラが、ハーネスで小さなミュージックボックスの上部に頭を上に縛りつけられている。ミュージックボックスが鳴って振動すると、ノミたちは「激しく身震いするので、まるで楽器を弾いているように見える。その下で組になったノミ（二匹ひと組になるように小さなバーにくくりつけられ、バーの長さの分、お互いが触れ合わない程度に離れている）たちがワルツらしきものを踊る……対になった二匹は反対方向を向かされていて、どちらもお互いから逃げようとするため『力の平行四辺形』が起こり、前へ進もうとする力が回転運動になって滑稽な（ワルツ）もどきになるのだ」。

一〇年ほど前、ノミのサーカスが復活した。どうもインスタレーション・アートの一環だったようだ。一九九九年一月一六日付トロントのナショナル・ポスト紙が報じたのは、かつて「干からびたヒトデを六角形に並べてギャラリー中につるし、ヒトデの網を創り上げた」インスタレーション・アーティストのマリア・フェルナンダ・カルドーソが、ノミのサーカスを再現して世界で唯一のノミのサーカスと称したということだった。中でもバウンス1とバウンス2は、小さな大砲から撃ち出されるノミの大砲玉だ。世界最強のノミの称号を与えられたブルートゥスが自分の千倍もある模型機関車を引くと、「カルドーソがポーカーフェースでダジャレだらけのナレーションをつけた」。カルドーソのノミのサーカスは、ニューヨークのニューミュージアムのオープニングと、アリゾナ州のスコッツデール現代美術館のミレニアム記念式典を飾る特別展示にも招かれた。

エピローグ

ここまで、人間を楽しませてくれる昆虫、あるいは人間の暮らしに直接恩恵をもたらしてくれる生き物としての昆虫を見てきた。夜、光を発する蛍は見て楽しいものだし、炉辺でにぎにぎしくさえずるコオロギは耳に心地よい。甘い花の蜜をハチミツに変えてくれるミツバチは、口に喜びを運んでくれる。だが昆虫はそれだけの存在ではなく、わたしは別の視点から昆虫を見ることで、自然界に対する自分たちの視野を広げたいと思う。複雑な生態系に生きる動物のひとつとして、そしてその中で数え切れないほど多くの動植物とさまざまに相互関係を結び、依存している生き物として。

世代から世代へと生態系を生き抜くために、昆虫をはじめとする動物は食べて成長し、食べられないように努め、子孫をもうけなければならない。これから紹介するのは一部の昆虫が——主としてこれまで紹介してきた種の昆虫——生存のための三つの基本的必要を満たすためにどのように日々励んでいるかという実例である。

これまで見てきた昆虫には、蚕のような植物食昆虫、タガメやスズメバチのような捕食昆虫、フンコロガシのような腐食昆虫、そしてノミのような吸血昆虫がいる。東南アジアでは珍味とされるタガメは、ありとあらゆる水生昆虫を好んで食し、小魚やオタマジャクシまで食べる。タガメとその近縁種——北米にもいくつか棲息している——は猛烈に効率的な捕食者だ。カマキリのように、獲物を捕まえるのに絶好の前肢を使って狙った相手をさっとつかんで捕らえる。

昆虫のほとんどは口が噛むようにできているのだが、タガメ——とノミやアブラムシ、蚊といった昆虫——の口は突き刺して吸うようにできている。タガメはまた、口外消化という多くの人は聞いたこともないであろう興味深い生理現象を行う昆虫の仲間だ。こうした昆虫は獲物に毒を注入して殺すが、その毒が獲物の筋肉と内臓を液化する消化液でもある。紙を作るスズメバチの成虫の口は噛むのも吸うのもできる構造で、自分たちは花の蜜や甘露を吸うが、幼虫には昆虫を与える。獲物を刺すことはめったになく、首根っこに噛みついて相手を殺す（ただし巣を守るためには激しく相手を刺す）。蜂はイモムシの皮をはぎ、内臓を抜いて残った筋肉組織を巣に持ち帰り幼虫に与える。アラは葉の上などに放置され、蠅のおやつになるわけだ。

昆虫のおよそ四五パーセントは植物を食べる——コケやシダを食べるものがごく少数、松やモミといった針葉樹を食べるものが少数、そして大多数は樫やカエデといった広葉樹からキャベツやヒマワリまで幅広い顕花植物を食べる。およそ四〇万種の植物食昆虫のうち、三二万種は、桑しか食べない蚕のように、ひとつの科かそれとごく近しい数種の植物しか食べないうるさ型だ。こうしたこだわりの強いうるさ型の昆虫種は、脈絡なくいろいろな種類の草を食べる何でも屋よりはるかに大多数派だ。食べ物になる可能性を秘めたたくさんの植物に取り囲まれているにもかかわらず、なぜ多くの昆虫が植物のほとんどに目をくれず、みすみすほかの昆虫の食べるがままにしておくのだろうか。うるさ型にはうるさ型の利点があり、ひとつないしごくわずかの植物の特性に最大限に対処できるように進化することで得るものは大きい。だが一層重要なのは、それがおそらくは植物と昆虫の間の「軍拡競争」がエスカレートした結果であろうということだ。

植物は棘で身を守る。だが主な防備は生化学兵器だ。突然変異によって植物には新たな毒性が備わることがあり、それは生理学的には植物本体に何ら影響を与えないけれども、その植物を食べようとする昆虫の意気をくじくようなものだ。昆虫の側も当然ながら、植物の化学的防御をかわすすべを身につけていく。宿主植物が新たな化学兵器を武器庫に加えたなら、昆虫はその化学兵器と共存する方法を見つけるか、ほかの植物に宿替えするか、でなければ絶滅するしかない。だが運がよければ昆虫の側にも遺伝子の突然変異が起きて、新たな防御物質を無害化するか何か別の方法でその効果を逸らせるようになったり、さらにはその味や臭いを宿主を特定する材料として使えるようにさえなるかもしれない。

植物は植物で、さらなる防御薬品で反撃しようとするだろうし、そうなれば昆虫もその新規開発薬品に対処する方法を発達させようとするだろう。太古の昔からこうした反撃の応酬、軍備拡大競争が延々と繰り広げられ、植物の王国には何万という生化学物質が備蓄された。われわれ人間にも感知できる物質もあって、その植物特有の匂いや味のもとになっている。人間がキャベツやセロリ、ミントやタイムを匂いや味で識別するように、うるさ型の昆虫は自分の宿主が自衛のために開発してきた化学物質によって植物を識別していて、しかもその物質の多くは人間には判別不可能だ。

蜂の成虫や蝶、そのほか多くの昆虫が蜜か花粉あるいはその両方を集め、自分で食べたり子どもに与えたりする。顕花植物と授粉昆虫は互いに融通し合うように進化してきた。植物は香りや色鮮やかな花で昆虫を引きつける——授粉昆虫のほとんどが色を見分けられ、嗅覚も鋭い。植物は蜜を作り、余分に花粉をこしらえて昆虫に礼をする。ミツバチには後肢に、花粉を蓄えておけるような棘に覆われた「籠」があり、また、授粉昆虫の多くが蜜を集めるのに都合のいい、吸ったり舐めたりすることのできる口を持っている。葉緑素を持ち、太陽のエネルギーを栄養に変えることのできる唯一の生物である植物のうちおよそ一六万種（七八パーセント）は、多少なりとも受粉を昆虫に頼っていて、昆虫がいなければ死に絶えてしまうか数が激減してしまうかであろう。それは環境全体にとっても途方もない打撃だ。こうした植物こそ、地上の生態系の要なのだから。

昆虫は、クモや魚、両生類、爬虫類、鳥類、そして哺乳類の食物になるばかりでなく、幾多の捕食昆虫の栄養にもなる。では昆虫たちはどうやって食べられないようにしているのだろうか。たとえばカイガラムシは隠れ家に身を隠すし、バッタやコオロギは強靭な後ろ肢で飛び跳ねて逃げる。ここで、世にも珍しい手段で捕食者のご馳走になることを回避している昆虫の話をしよう。

多くの昆虫が鳥などの捕食者に気づかれないよう、擬態して背景に溶け込むのに対し、中にはわが身を明るく彩ってあえて目立とうとするものもいる。オオカバマダラはオレンジ色と黒、北米産スズメバチは黒地に白い斑紋が入っているし、ミツバチはオレンジ色と黒の縞模様、マルハナバチは黒と真っ黄色という大胆な色使いだ。こうした昆虫が自分をわざと目立たせているのは捕食者に対する防御方法を持っているからで、捕食者はすぐにそれが身にしみるので、彼らを見分けたら避けるようになる。オオカバマダラの撃退法は毒で、食べた植物から集めたものだが、これが鳥に吐き気を催させる。スズメバチやミツバチ、マルハナバチには言わずもがなの毒を仕込んだ痛い針がある。

一方、ナノハナアブは無害だが、ちゃっかりミツバチに自らを似せていて、おかげで鳥は彼らを食べ物としては見ずに素通りする。こうしたはったりは、この事象を発見したヘンリー・ベイツという一九世紀イギリスの博物学者に敬意を表してベーツ擬態と呼ばれていて、昆虫界には広く行きわたっている。毒もなく食べても安全な蝶の多くが有害蝶に擬態しているし、蠅や蛾、甲虫までが蜂やスズメバチの振りをする。フィリピンでは無防備なゴキブリ数種（人家に棲み着く害虫ではないもの）が、食べられない赤と黒のテントウムシに身をやつし、南米では酸をまき散らすホソクビゴミムシが、食べられるコオロギに真似られている。

社会性昆虫で紙の巣を作り、北米産スズメバチと近縁のスズメバチは *Spilomyia hamifera* という大型のハナアブに擬態されるが、これが恐ろしいほどによく似ている。ハナアブは派手な黒と黄色の体色をなぞるだけでなく、形状や行動上の特徴まで模倣するのだ。蠅はほとんどが寸胴だが、ハナアブの胴は若干細くなっていてスズメバチに似ている。ほとんどの蠅と同様、ハナアブにも肉眼ではほとんどわからないほどの短い触角があるのだが、彼らは黒い前肢を頭の前で振り動かすことで、スズメバチのよく動く長くて黒い触角を真似る。蜜を舐めるとき、スズメバチは色のついた翅を幾重にも畳んで脇につけるので、焦げ茶色の帯のように見える。ハナアブは翅を畳めないが、透明な翅の縁だけが濃い茶色の色素を帯びていて、脇につけるとあたかもスズメバチの畳んだ翅の帯のように見える。スズメバチは花にとまると体を左右に揺らしていっそう自分を目立たせる。ハナアブは翅をゆすってこの動きを模倣する。極めつけは、指でつかまれたり鳥のくちばしに挟まれたりしたとき、怒ったスズメバチがたてるキーキーいう警告音とそっくりな音を立てることだ。

昆虫にとって交尾の相手を見つけるのは容易ではない。異性がはるか遠くにしかいないかもしれないからだ。多くの昆虫が、遠くからでも嗅ぎつけられる性誘引物質を発散することでこの問題に対処している。五感のうち、離れた信号をキャッチできるのは三つ——視覚、聴覚、そして嗅覚だけだ。昆虫の世界では、両性を娶わせるためにこの三つそれぞれが駆使される。蛍が使う視覚信号、コオロギやキリギリスの聴覚信号、そしてカイコガや大型のカイコガ、それに小さなカイガラムシの使う匂い、フェロモンだ。

北米の蛍は単独行動だが、東南アジアではすでに記したように群生する蛍が万単位で木々に集まり、同調して発光する。川岸の蛍の木は何キロも離れたところから光るのが見えるが、濃い森の中の木でも、明滅する光を遠くから見つけられる。こうした木は、離れた場所からオスやメスを呼び寄せる無線標識（ビーコン）なのだ。発光はオスもメスもするが、明るく光るのはオスだけで、ほぼ完璧に同調して光るのもオスだけだ。だがオスの光と光の間の二分の一秒ほどの間に、メスの放つかすかな光を見ることができる。これはおそらくオスに、その気になっている交尾相手がいることを知らせるためのものなのだろう。精液を受けるとメスは木を離れ、卵から孵った食いしん坊の幼虫が餌になる昆虫を見つけられるような産卵場所を探しにいく。

コオロギは、ご存じの通り摩擦で音を出す。片方の翅のろ状器という部分に沿ってもう一方の翅の摩擦片という部分を擦らせることで音を出すのである。キリギリスも同じようにして音を出すが、イナゴやバッタは後ろ肢に並んだ突起を前翅に擦らせて音を出す。オスのコオロギは普通、自分の巣穴の入り口辺りで歌う。音が増幅されるように、巣穴の入り口をメガホンか野外音楽堂の反響板のように半円形に掘るものもいる。ちゃっかり者のオスが、歌に引きつけられて寄ってくるメスを横からさらってやろうと、唄っているオスに近づいてくることもある。そういうオスはサテライト雄と呼ばれ、自分もちゃんと唄えるくせに、唄っているオスに忍び寄ると完全に沈黙を守る。

メスの蛾が放出した性誘引物質のフェロモンは、そよ風にのって風下へと流れ、いびつな羽根のような形に広がっていく。周辺を飛んでいてフェロモンの臭跡に飛び込んだオスは、臭いのもとへと風上に針路をかえる。だがもし羽根型の臭跡からはずれても、オスはでたらめに飛びまわり、たまたま臭跡に戻れたら、メスのもとにたどり着くまでまた風上へと飛び続ける。メスを見つけるために、オスはただ風上へと飛べばいいだけだ。メスに近づくにつれてフェロモン濃度が高くなることに誘導されているわけではない。

ジム・スターンバーグとわたしは、フェロモンを放出するメスのセクロピアガを使った罠を作り、一度捕らえて印をつけたオスをそれぞれ罠から異なる距離で放して、再度捕まえてみることにした。狙いは、オスが成り行き任せに飛ぶこととフェロモンに誘導されて飛ぶこととを組み合わせて、どのくらい離れていてもメスを見つけられるかを知ることだった。これは種の個体数がどの程度少なく、分布密度がどの程度低くなっても絶滅せずに生き延びられるかという問題にかかわってくる。

一九六九年六月の朝、わたしは、わが家の庭に設けた巨大な罠の網戸に、翅を広げると一二センチほどもある美しいセクロピアガのオスが二〇四匹もしがみついている感動的な光景を目の当たりにした。夜明け前の数時間で罠役のメスの出す性誘引物質は風下へと漂い、オスの毛深くて大きな触角にある臭い感知器に到達した。罠の中には六キロ以上も離れたところからはせ参じたオスが数匹いたし、一匹などは一三キロ近く離れたところからやってきていた。だが長距離記録を保持しているのは同じ大型のカイコガの一種であるプロメテアガで、プロメテアガのメスを使った罠とは直線距離にしてほぼ三七キロ離れた場所から三日かけて飛んできたオスだ。

子育てを広く定義すると、昆虫にも子育てをするものは珍しくない。この本で紹介した中でも、とりわけ骨惜しみせず献身的に世話をするのは社会性昆虫のシロアリや蟻、ミツバチ、社会性ハチなどで、この種の幼虫は卵から孵って成虫へと脱皮するまで、群れの働き蟻に依存している。第6章で紹介したように、蟻の権威で環境保護論者のE・O・ウィルソンは、「日本語の『蟻』という文字は複雑で、ふたつの文字を組み合わせたものである。ひとつは『昆虫』を表し、もうひとつは『忠節』を示す」と書いて、社会性昆虫が互いに「忠誠」で深い絆を持っていることを示した。

社会性昆虫ではない草食性の蝶や野生のカイコガなどの子育ては最低限で、孵ったばかりの幼虫が喜んで食べる植物の上に卵を産みつけてしまったら、後は何もしない。エジプトのフンコロガシ、スカラベのほうがはるかに面倒見がいい。幼虫は、母親が丸めて埋めておいた大きな糞玉を餌にして育つのだ。マダガスカルのオオナキゴキブリは、孵化するまで、卵のカプセルを自分の体内に入れておく。ツェツェバエはアフリカで睡眠病を媒介してすこぶる評判が悪く、本文中では取り上げなかったが、この昆虫が目を見張るような子作り行動をすることだけはお伝えせずにいられない。メスは子宮と類似した器官に卵をひとつだけ抱えておく。幼虫は孵化すると乳を――化学組成は人間や一部の哺乳類の乳とよく似ている――、子宮の中に分泌される乳を飲む。幼虫が充分に成長したら母親は出産し、外に出た幼虫は地中に穴を掘って蛹になる。

東南アジアのタガメとその仲間は――北米の人家のそばにある池にも棲んでいるかもしれない――これもまた非常に珍しい子育てをする。北米に棲む近縁種では、メスが交尾相手の背中に一〇〇個かそれ以上の卵をくっつけてしまう。卵を背負っていないときには池の底に沈んでいるオスは、こうなると卵の一部が常に空気に触れていられるように、水面近くの植物に乗っかり、後肢でしょっちゅう卵をぬぐう。おそらくカビの胞子を取り除くためだろう。実験では、オスの背中に乗っていた卵は九〇パーセントが孵化したが、オスの背から離して水を張った皿に移した卵は、菌が感染して一週間以内に死滅した。

かつて、タガメのオスはメスの策略にはまった被害者で、押しつけられた苦役に「困惑し」、卵を下ろそうとして後肢で掻いているのだと解釈されていたことがあった。何年も経ち、自然淘汰と進化が文句なく生物学の中心テーマとなったとき、「屈辱のオス仮説」は論外であることが指摘された。というのは、もし自然淘汰が働くとしたら、オスが嫌がって好き勝手なところに卵を捨ててしまい育たないかもしれないのに、そういうところに卵を産みつけるメスに有利に働くはずがないからだ。

序文でお約束したように、この本はわたしたちに喜びを味わわせてくれる昆虫や、物質的に恩恵をもたらしてくれる昆虫について記したものである。本文である一〇の章でそうした昆虫について論じた。本文中では昆虫の生活が生態に与えている影響についても、チャンスと同時に危険も潜んでいて、昆虫という魅力的な生き物を生物地獄の淵に追いやる生態系の中で、彼らがいかにして生き延びているかについても、ほとんど触れることができなかった。現役を退いた昆虫学者であるわたしにとって、満足できることではない。このエピローグは簡単ではあるけれども、蛍やミツバチやカイコガなどなどが生きて進化している生態環境がどのようなものであるかを垣間見る手がかりになれば幸いだ。ただ、これはほんの小さなヒントにすぎない。われわれの星に生きる動植物の数々のコミュニティが織りなす複雑な関係性は圧倒的で、いまだに完全に理解されているとは到底いえない。また、そのコミュニティの中で昆虫が果たしている何者にもかえがたい役割の複雑さも、まだ充分にはわかっていない。生物たちのそうした錯綜する生態系すべてがひとつになって、わたしたちの生きる環境を――あなたやわたしの唯一の生きる場所である環境を――形作っているのである。

謝辞

多くの友人や同僚が、時間と専門知識、そして助言を惜しまずに提供してくれたおかげで、本書を格段に充実した内容とすることができた。その方々のお名前をここに記す――メイ・ベレンバウム、サム・ベシャーズ、ダグラス・ブルーアー、シドニー・キャメロン、フレッド・ゴシール、ラリー・ハンクス、M・アンドルー・ヘックマン、ヨウコ・ムロガ、ジェイムズ・ナルディ、トム・ニューマン、ジーン・ロビンソン、シーラ・ライアン、カズコ・ササモリ、デイヴィッド・セクレスト、アート・シードラー、スーザン・スロットウ、ジェイムズ・スターンバーグ、チャールズ・ウィットフィールド、ジェイムズ・ウィットフィールド、マサコ・ヤマモト。また、原稿すべてに目を通し、数え切れないほどのアイディアをくれたフィリス・クーパーと、エージェントであるニュー・イングランド・パブリッシング・アソシエーツのエドワード・ナップマンにはとりわけ感謝している。そして、編集の労をとり、本書を磨き上げてくれたジェニー・ワプナー、ローラ・ハージャー、マデレーン・アダムスのお三方には、感謝しても尽くせないほどだ。

and Death: A Procedural Guide, ed. E.P. Catts and N.H. Haskell, pp. 9–37. Clemson, SC: Joyce's Print Shop.

Matthews, R.W., and J.R. Matthews. 1978. *Insect Behavior.* New York: John Wiley and Sons.

Pemberton, R.W. 1994. Japanese singing insects. www.insects.org/ced3/japanese_sing.html.

Phillips, L.H., II, and M. Konishi. 1973. Control of aggression by singing in crickets. *Nature* 241:64–65.

Roth, L.M. 1970. Evolution and taxonomic significance of reproduction in Blattaria. *Annual Review of Entomology* 15:75–96.

Tweedie, M. 1969. *Pleasure from Insects.* New York: Taplinger Publishing Company.

Villiard, P. 1969. *Moths and How to Rear Them.* New York: Funk and Wagnalls.

———. 1973. *Insects as Pets.* New York: Doubleday.

Sherman, R.A., M.J.R. Hall, and S. Thomas. 2000. Medicinal maggots: An ancient remedy for some contemporary afflictions. *Annual Review of Entomology* 45:55–81.

Sherman, R.A., and E.A. Pechter. 1988. Maggot therapy: A review of the therapeutic applications of fly larvae in human medicine, especially for treating osteomyelitis. *Medical and Veterinary Entomology* 2:225–230.

Subrahmanyan, M. 1998. A prospective randomized clinical and histological study of superficial burn wound healing with honey and silver sulfadiazine. *Burns* 24:157–161.

Traynor, J. 2002. *Honey, the Gourmet Medicine.* Bakersfield, CA: Kovak Books.

Willson, R.B., and E. Crane. 1975. Uses and products of honey. In *Honey: A Comprehensive Survey,* ed. E. Crane, pp. 378–391. New York: Crane, Russak and Company.

Wood, J.G. 1883. *Insects at Home.* New York: John B. Alden.

第10章　コオロギのコーラス、ノミのサーカス

Alcock, J. 1993. *Animal Behavior,* 5th edition. Sunderland, MA: Sinauer Associates.

Barth, R.H., Jr. 1968. The mating behavior of *Gromphadorhina portentosa* (Schaum) (Blattaria, Blaberoidea, Blaberidae, Oxyhaloinae): An anomalous pattern for a cockroach. *Psyche* 75:124–131.

Borror, D.J., D.M. DeLong, and C.A. Triplehorn. 1981. *An Introduction to the Study of Insects.* Philadelphia: Saunders.

Comstock, J.H. 1950. *An Introduction to Entomology,* 9th edition, revised. Ithaca, NY: Comstock Publishing Company.

Cowan, F. 1865. *Curious Facts in the History of Insects.* Philadelphia: J.B. Lippincott.

Dall, W.H. 1877. Educated fleas. *American Naturalist* 11:7–11.

Dethier, V.G. 1992. *Crickets and Katydids, Concerts and Solos.* Cambridge, MA: Harvard University Press.

Goff, M.L. 2000. *A Fly for the Prosecution.* Cambridge, MA: Harvard University Press.

Hall, E.R., and W.C. Russell. 1933. Dermestid beetles as an aid in cleaning bones. *Journal of Mammalogy* 14:372–374.

Hearn, L. 1898. *Exotics and Retrospectives.* Boston: Little, Brown.

Hsu, Y.C. 1928. Crickets in China. *Peking Society of Natural History Bulletin* 3:5–41.

Kevan, D.K.M., and C.C. Hsiung. 1976. Cricket-fighting in Hong Kong. *Bulletin of the Entomological Society of Canada* 8:11–12.

Laufer, B. 1927. *Insect-Musicians and Cricket Champions of China.* Leaflet 22. Chicago: Field Museum of Natural History.

Lord, W.D. 1990. Case histories of the use of insects in investigations. In *Entomology*

Snodgrass, R. E. 1956. *Anatomy of the Honey Bee.* Ithaca, NY: Cornell University Press.
Spencer, B. 1928. *Wanderings in Wild Australia,* vols. 1 and 2. London: Macmillan.
Spradbery, J. P. 1973. *Wasps.* Seattle: University of Washington Press.
Stumper R. 1961. Radiobiologische Untersuchungen über den sozialen Nahrungshaushalt der Honigameise *Proformica nasuta* (Nyl). [Radiobiologic studies of the social nutritional economy of the honey ant *Proformica nasuta* (Nyl).] *Naturwissenschaften* 48:735–736.
Wheeler, W. M. 1908. Honey ants, with a revision of the American *Myrmecocysti. Bulletin of the American Museum of Natural History* 24:345–397.
Wilson, E. O. 1971. *The Insect Societies.* Cambridge, MA: Harvard University Press.

第9章　昆虫医療

Baer, W. S. 1931. The treatment of chronic osteomyelitis with the maggot (larva of the blow fly). *Journal of Bone and Joint Surgery* 13:438–475.
Beebe, W. 1921. *Edge of the Jungle.* New York: Henry Holt and Company.
Cowan, F. 1865. *Curious Facts in the History of Insects.* Philadelphia: J. B. Lippincott.
Crane, E. 1980. *A Book of Honey.* Oxford: Oxford University Press.
Dawood, N. J., trans. 2003. *The Koran*. London: Penguin Books.
Gudger, E. W. 1925. Stitching wounds with the mandibles of ants and beetles. *Journal of the American Medical Association* 84:1861–1864.
Hogue, C. L. 1987. Cultural entomology. *Annual Review of Entomology* 32:181–199.
Kramer, S. N. 1954. First pharmacopeia in man's recorded history. *American Journal of Pharmacy* 126:76–84.
Majno, G. 1975. *The Healing Hand.* Cambridge, MA: Harvard University Press.
Maynard, B. 2006. Take two *what* and call you in the morning? *National Wildlife,* February/March, 16–17.
Metcalf, R. L., and R. A. Metcalf. 1993. *Destructive and Useful Insects,* 5th edition. New York: McGraw-Hill.
Pliny the Elder. 1856. *The Natural History of Pliny.* Ed. and trans. J. Bostock and H. T. Riley. London: Henry G. Bohn.
Ransome, H. M. 1937. *The Sacred Bee.* Boston: Houghton Mifflin.
Robinson, W. 1935. Allantoin, a constituent of maggot excretions, stimulates healing of chronic discharging wounds. *Journal of Parasitology* 21:354–358.
Sherman, R. A. 2000. Maggot therapy—the last five years. *Bulletin of the European Tissue Repair Society* 7:97–98.

Bishop, H. 2005. *Robbing the Bees.* New York: Free Press.

Bodenheimer, F. S. 1951. *Insects as Human Food.* The Hague: W. Junk.

Chakrabarti, K. 1987. Sundabarans honey and the mangrove swamps. *Journal of the Bombay Natural History Society* 84:133–137.

Crane, E. 1980. *A Book of Honey.* Oxford: Oxford University Press.

———. 1999. *The World History of Beekeeping and Honey Hunting.* New York: Routledge.

DeMera, J. H., and E. R. Angert. 2004. Comparison of the antimicrobial activity of honey produced by *Tetragonisca angustula* (Meliponinae) and *Apis mellifera* from different phytogeographic regions of Costa Rica. *Apidologie* 35:411–417.

Dornhaus, A., and L. Chittka. 2004. Why do honey bees dance? *Behavioral Ecology and Sociobiology* 55:395–401.

Evans, H. E., and M. J. W. Eberhard. 1970. *The Wasps.* Ann Arbor: University of Michigan Press.

Frisch, K. von. 1953. *The Dancing Bees,* 5th revised edition. Translated by D. Ilse. New York: Harcourt, Brace, and World.

———. 1967. *The Dance Language and Orientation of the Bees.* Translated by L. E. Chadwick. Cambridge, MA: Harvard University Press.

———. 1971. *Bees,* revised edition. Translated by L. E. Chadwick. Ithaca, NY: Cornell University Press.

Gary, N. E. 1975. Activities and behavior of honey bees. In *The Hive and the Honey Bee,* ed. Dadant & Sons, pp. 185–264. Hamilton, IL: Dadant & Sons.

Kennedy, J. S., and T. E. Mittler. 1953. A method for obtaining phloem sap via the mouth-parts of aphids. *Nature* 171:528.

Michener, C. D. 1974. *The Social Behavior of the Bees.* Cambridge, MA: Harvard University Press.

Morse, R. A. 1980. *Making Mead.* Ithaca, NY: Wicwas Press.

Newberry, P. E. 1905. *Ancient Egyptian Scarabs.* Chicago: Ares Publishers. (Reprint of the 1905 London edition.)

Nicolson, J. U., trans. 1934. *Canterbury Tales.* New York: Garden City Publishing.

Oldroyd, B. P., and S. Wongsiri. 2006. *Asian Honey Bees.* Cambridge, MA: Harvard University Press.

Ransome, H. M. 1937. *The Sacred Bee.* Boston: Houghton Mifflin.

Saunders, W. 1875. The Mexican honey ant. *Canadian Entomologist* 7:12–14.

Schwarz, H. F. 1948. *Stingless Bees (Meliponidae) of the Western Hemisphere.* Bulletin of the American Museum of Natural History 90.

Cherry, R. H. 1991. Use of insects by Australian Aborigines. *American Entomologist* 37:9–13.
China, W. E. 1931. An interesting relationship between a crayfish and a water bug. *Natural History Magazine* 3:57–62.
DeFoliart, G. R. 1989. The human use of insects as food and as animal feed. *Bulletin of the Entomological Society of America* 35:22–35.
———. 1992. Insects as human food. *Crop Protection* 11:395–399.
———. 1999. Insects as food: Why the Western attitude is important. *Annual Review of Entomology* 44:21–50.
Goodall, J. 1963. Feeding behaviour of wild chimpanzees. *Symposia of the Zoological Society of London* 10:39–47.
Holt, V. M. 1885. *Why Not Eat Insects?* London: British Museum (Natural History). (Reprinted 1988.)
Noyes, H. 1937. *Man and the Termite.* London: Peter Davies.
Pemberton, R. W. 1988. The use of the Thai giant waterbug, *Lethocerus indicus* (Hemiptera: Belastomatidae), as human food in California. *Pan-Pacific Entomologist* 64:81–82.
Pemberton, R. W., and T. Yamasaki. 1995. Insects: Old food in new Japan. *American Entomologist* 41:227–229.
Remington, C. L. 1946. Insects as food in Japan. *Entomological News* 57:119–121.
Riley, C. V. 1876. *Noxious, Beneficial, and Other Insects of the State of Missouri.* Eighth Annual Report to the Missouri State Board of Agriculture. Jefferson City, MO: Regan and Carter.
Taylor, R. L. 1975. *Butterflies in My Stomach.* Santa Barbara, CA: Woodbridge Press.
Tindale, N. B. 1966. Insects as food for the Australian Aborigines. *Australian Natural History* 15:179–183.
Vane-Wright, R. I. 1991. Why not eat insects? *Bulletin of Entomological Research* 81:1–4.
Van Tyne, J. 1951. A cardinal's, *Richmondena cardinalis,* choice of food for adult and for young. *Auk* 68:110.

第**8**章　ハチミツ物語

Anderson, C., and F. L. W. Ratnieks. 1999. Worker allocation in insect societies: Coordination of nectar foragers and nectar receivers in honey bee (*Apis mellifera*) colonies. *Behavioral Ecology and Sociobiology* 46:73–81.
Barber, [no first name given]. 1905. [No title.] *Entomological Society of Washington* 7:25.
Belt, T. 1888. *The Naturalist in Nicaragua.* London: Edward Bumpus.

Felt, E.P. 1965. *Plant Galls and Gall Makers.* New York: Hafner Publishing Company. (Facsimile of the 1940 edition.)

Gallencamp, C. 1959. *Maya.* New York: Pyramid Publications.

Gullan, P.J., and P.S. Cranston. 1994. *The Insects: An Outline of Entomology.* London: Chapman and Hall.

Hocking, B. 1968. *Six-Legged Science.* Cambridge, MA: Schenkman Publishing.

Hogue, C.L. 1987. Cultural entomology. *Annual Review of Entomology* 32:181–199.

Kevan, P.G., and R.A. Bye. 1991. The natural history, sociobiology, and ethnobiology of *Eucheira socialis* Westwood (Lepidoptera: Pieridae), a unique and little-known butterfly from Mexico. *The Entomologist* 110:146–165.

Kinsey, A.C. 1929. *The Gall Wasp Genus Cynips.* Indiana University Studies, vol. 16. Bloomington: Indiana University Press.

Lawler, A. 2004. The slow deaths of writing. *Science* 305:30–33.

Peigler, R.S. 1993. Wild silks of the world. *American Entomologist* 39:151–161.

Spradbery, J.P. 1973. *Wasps.* Seattle: University of Washington Press.

Tsai, J.H. 1982. Entomology in the People's Republic of China. *Journal of the New York Entomological Society* 90:186–212.

Weis, A.E., and M.R. Berenbaum. 1989. Herbivorous insects and green plants. In *Plant-Animal Interactions,* ed. W.G. Abrahamson, pp. 123–162. New York: McGraw-Hill.

Wilson, E.O. 2006. The civilized insect. *National Geographic* 210:136–149.

第7章　時にはごちそうとなる昆虫たち

Aldrich, J.M. 1912. The biology of some western species of the dipterous genus *Ephydra. Journal of the New York Entomological Society* 20:77–98.

———. 1921. *Coloradia pandora* Blake, a moth of which the caterpillar is used as a food by the Mono Lake Indians. *Annals of the Entomological Society of America* 14:36–38.

Bequaert, J. 1921. Insects as food. *Natural History: The Journal of the American Museum of Natural History* 21:191–200.

Blake, E.A., and M.R. Wagner. 1987. Collection and consumption of pandora moth, *Coloradia pandora* (Lepidoptera: Saturniidea), larvae by Owens Valley and Mono Lake Paiutes. *Bulletin of the Entomological Society of America* 33:23–27.

Bodenheimer, F.S. 1951. *Insects as Human Food.* The Hague: W. Junk.

Bristowe, W.S. 1932. Insects and other invertebrates for human consumption in Siam. *Transactions of the Entomological Society of London* 80:387–404.

Essig, E. O. 1931. *A History of Entomology.* New York: Macmillan.
Friedmann, H. 1955. *The Honey-Guides.* U.S. National Museum, bulletin 208.
Jenkins, K. D. 1970. The fat-yielding coccid, *Llaveia,* a monophlebine of the Margarodidae. *Pan-Pacific Entomologist* 46:79–81.
Kosztarab, M. 1987. Everything unique or unusual about scale insects (Homoptera: Coccoidea). *Bulletin of the Entomological Society of America* 33:215–220.
Langstroth, L. L. 1853. *On the Hive and the Honey-Bee.* Medina, OH: A. I. Root. (Reprinted 1914.)
Lindauer, M. 1967. *Communication among Social Bees.* New York: Athenium.
Metcalf, R. L., and R. A. Metcalf. 1993. *Destructive and Useful Insects,* 5th edition. New York: McGraw Hill.
Michener, C. D. 1974. *The Social Behavior of the Bees.* Cambridge, MA: Harvard University Press.
Miller, D. R., and M. Kosztarab. 1979. Recent advances in the study of scale insects. *Annual Review of Entomology* 24:1–27.
Morse, R. A. 1975. *Bees and Beekeeping.* Ithaca, NY: Cornell University Press.
Newberry, P. E. 1976. *Ancient Egyptian Scarabs.* Chicago: Ares Publishers. (Reprint of the 1905 London edition.)
Ono, M., T. Igarashi, E. Ohno, and M. Sasaki. 1995. Unusual thermal defense by a honeybee against mass attacks by hornets. *Science* 377:334–336.
Peters, T. M. 1988. *Insects and Human Society.* New York: Van Nostrand and Reinhold.
Schwarz, H. F. 1948. *Stingless Bees (Meliponidae) of the Western Hemisphere.* Bulletin of the American Museum of Natural History 90.
Weis, H. B. 1927. The scarabaeus of the ancient Egyptians. *The American Naturalist* 61:353–369.
Wigglesworth, V. B. 1945. Transpiration through the cuticle of insects. *Journal of Experimental Biology* 21:97–114.

第6章　蜂の生み出す紙、虫こぶのインク

Borror, D. J., D. M. De Long, and C. A. Triplehorn. 1981. *An Introduction to the Study of Insects.* Philadelphia: Saunders College Publishing.
Claiborne, R. 1974. *The Birth of Writing.* Alexandria, VA: Time-Life Books.
Cowan, F. 1865. *Curious Facts in the History of Insects.* Philadelphia: J. B. Lippincott.
Ebert, J. 2005. Tongue tied. *Nature* 438:148–149.
Fagan, M. M. 1918. The uses of insect galls. *The American Naturalist* 52:155–176.

Howard, L. O. 1900. Two interesting uses of insects by natives in Natal. *Scientific American* 83:267.

Imms, A. D. 1951. *A General Textbook of Entomology.* London: Methuen.

Kirby, W., and W. Spence. 1846. *An Introduction to Entomology,* 6th edition. Philadelphia: Lea and Blanchard. (Originally published 1815.)

Linsenmaier, W. 1972. *Insects of the World.* Translated by L. E. Chadwick. New York: McGraw-Hill.

McCook, H. D. 1886. *Tenants of an Old Farm.* New York: Fords, Howard & Hulbert.

McMaster, G., and C. E. Trafzer, eds. 2004. *Native Universe: Voices of Indian America.* Washington, DC: National Geographic Society.

Parkman, E. B. 1992. Dancing on the brink of the world: Deprivation and the ghost dance religion. In *California Indian Shamanism,* ed. L. J. Bean, pp. 163–183. Menlo Park, CA: Ballena Press.

Peigler, R. S. 1994. *Non-sericultural Uses of Moth Cocoons in Diverse Cultures.* Proceedings of the Denver Museum of Natural History, ser. 3, no. 5.

Schultze, A. 1913. *Die wichtigsten Seidenspinner Afrikas mit besonderer Berücksichtigung der Gesellschaftersspinner.* [*The Most Important Silkworms of Africa with Particular Attention to the Social Silkworm.*] London: African Silk Corp. Ltd.

Schwarz, H. F. 1948. *Stingless Bees (Meliponidae) of the Western Hemisphere.* Bulletin of the American Museum of Natural History 90.

Turpin, F. T. 2000. *Insect Appreciation,* 2nd edition. Dubuque, IA: Kendall/Hunt Publishing Company.

Wilkinson, R. W. 1969. Colloquia entomologica II: A remarkable sale of Victorian entomological jewelry. *The Michigan Entomologist* 2:77–81.

第5章　ミツバチの作るろうそく

Berenbaum, M. R. 1995. *Bugs in the System.* Reading, MA: Addison-Wesley.

Bishop, H. 2005. *Robbing the Bees.* New York: Free Press.

Bishopp, F. C. 1952. Insect friends of man. In *Yearbook of Agriculture, 1952,* pp. 79–87. Washington, DC: U.S. Government Printing Office.

Comstock, J. H. 1950. *An Introduction to Entomology,* 9th edition, revised. Ithaca, NY: Comstock Publishing Company.

Cowan, F. 1865. *Curious Facts in the History of Insects.* Philadelphia: J. B. Lippincott.

Crandall, E. B. 1924. *Shellac, a Story of Yesterday, Today and Tomorrow.* Chicago: James B. Day & Co.

第3章　カイガラムシと赤い染料

Brand, D. D. 1966. Cochineal: Aboriginal dyestuff from Nueva España. *Acta y Memorias de XXXVI Congreso Internacional de Americanistas, España 1964* 2:77–91.

Comstock, J. H. 1950. *An Introduction to Entomology*, 9th edition, revised. Ithaca, NY: Comstock Publishing Company.

Cowan, F. 1865. *Curious Facts in the History of Insects.* Philadelphia: J. B. Lippincott.

DeBach, P. 1964. *Biological Control of Insect Pests and Weeds.* New York: Reinhold Publishing.

Donkin, R. A. 1977. Spanish red: An ethnographical study of cochineal and the Opuntia cactus. *Transactions of the American Philosophical Society* 67:1–84.

Fagan, M. M. 1918. The uses of insect galls. *The American Naturalist* 52:155–176.

Hogue, C. L. 1993. *Latin American Insects and Entomology.* Berkeley and Los Angeles: University of California Press.

Jones, C. L. 1966. *Guatemala Past and Present.* New York: Russell and Russell.

Kosztarab, M. 1987. Everything unique or unusual about scale insects (Homoptera: Coccoidae). *Bulletin of the Entomological Society of America* 33:215–220.

Lauro, G. J. 1991. A primer on natural colors. *Cereal Foods World* 36:949–953.

Phipson, T. L. 1864. *The Utilization of Minute Life.* London: Goombridge and Sons.

Ross, G. N. 1986. The bug in the rug. *Natural History* 95:66–73.

第4章　きらびやかな昆虫の宝石

Akre, R. D., A. Greene, J. F. MacDonald, P. J. Landolt, and H. G. Davis. 1980. *Yellowjackets of America North of Mexico.* USDA Agricultural Handbook, no. 552. Washington, DC: U.S. Government Printing Office.

Bates, C. D. 1992. Sierra Miwok shamans, 1900–1990. In *California Indian Shamanism,* ed. L. J. Bean, pp. 97–115. Menlo Park, CA: Ballena Press.

Beckmann, P. 2003. *Living Jewels.* London: Prestel Publishing.

Berlin, B., and G. T. Prance. 1978. Insect galls and human ornamentation: The ethnobotanical significance of a new species of *Licania* from Amazonas, Peru. *Biotropica* 10:81–86.

Cowan, F. 1865. *Curious Facts in the History of Insects.* Philadelphia: J. B. Lippincott.

Frisch, K. von. 1974. *Animal Architecture.* New York: Harcourt Brace Jovanovich.

Geijskes, D. C. 1975. The dragonfly wing used as a nose plug adornment. *Odonatologica* 4:29–30.

Frank, K. D. 1986. History of the ailanthus silk moth (Lepidoptera: Saturniidae) in Philadelphia: A case study in urban ecology. *Entomological News* 97:41–51.

Kafatos, F. C., and C. M. Williams. 1964. Enzymatic mechanism for the escape of certain moths from their cocoons. *Science* 146:538–540.

Kelly, H. A. 1903. *The Culture of the Mulberry Silkworm.* USDA Division of Entomology Bulletin 39, new series.

Lutz, F. E. 1918. *Field Book of Insects.* New York: G. P. Putnam's Sons. (Reprinted 1935.)

McCook, H. C. 1886. *Tenants of an Old Farm.* New York: Fords, Howard & Hulbert.

National Academy of Sciences. 2003. Insect pheromones. In *Beyond Discovery: The Path from Research to Human Benefit.* www.beyonddiscovery.org.

Nicolson, J. U., trans. 1934. *Canterbury Tales.* New York: Garden City Publishing.

Nolan, E. J. 1892. The introduction of the ailanthus silk worm moth. *Entomological News* 3:193–195.

Oldroyd, H. 1964. *The Natural History of Flies.* New York: W. W. Norton.

Peigler, R. S. 1993. Wild silks of the world. *American Entomologist* 39:151–161.

Ross, G. N. 1986. The bug in the rug. *Natural History* 95:66–73.

Schoonhoven, L. M., T. Jermy, and J. J. A. van Loon. 1998. *Insect-Plant Biology.* London: Chapman and Hall.

Scott, P. 1993. *The Book of Silk.* London: Thames and Hudson.

Senechal, M. 2004. *Northampton's Century of Silk.* Northampton, MA: 350th Anniversary Committee of the City of Northampton.

Strayer, J. R., ed. 1983. *Dictionary of the Middle Ages.* New York: Charles Scribner's Sons.

Tuskes, P. M., J. P. Tuttle, and M. M. Collins. 1996. *The Wild Silk Moths of North America.* Ithaca, NY: Cornell University Press.

Vincent, J. M. 1935. *Costume and Conduct.* Baltimore: Johns Hopkins Press.

Waldbauer, G. P. 1982. The allocation of silk in the compact and baggy cocoons of *Hyalophora cecropia. Entomologia Experimentalis et Applicata* 31:191–196.

Waldbauer, G. P., and J. G. Sternburg. 1982. Cocoons of *Callosamia promethea* (Saturniidae): Adaptive significance of differences in mode of attachment to the host tree. *Journal of the Lepidopterists' Society* 36:192–199.

———. 1982. Long mating flights by male *Hyalophora cecropia* (L.) (Saturniidae). *Journal of the Lepidopterists' Society* 36:154–155.

Wigglesworth, V. B. 1972. *The Principles of Insect Physiology,* 7th edition. London: Chapman and Hall.

Hamilton, E. 1953. *Mythology*. New York: New American Library of World Literature.
Hearn, L. 1910. *A Japanese Miscellany*. Boston: Little, Brown, and Company.
Hogue, C. L. 1987. Cultural entomology. *Annual Review of Entomology* 32:181–199.
Kevan, P. G., and R. A. Bye. 1991. The natural history, sociobiology, and ethnobiology of *Eucheira socialis* Westwood (Lepidoptera: Pieridae), a unique and little-known butterfly from Mexico. *The Entomologist* 110:146–165.
Koller, L. 1963. *The Treasury of Angling*. New York: Golden Press.
Liu, G. 1939. Some extracts from the history of entomology in China. *Psyche* 46:23–28.
Lloyd, J. E. 1975. Aggressive mimicry in *Photuris* fireflies: Signal repertoires by femmes fatales. *Science* 187:452–453.
Lutz, F. E. 1918. *Field Book of Insects*. New York: G. P. Putnam's Sons. (Reprinted 1935.)
Milne, L., and M. Milne. 1980. *National Audubon Society Field Guide to North American Insects and Spiders*. New York: Alfred A. Knopf.
Peigler, R. S. 1993. Wild silks of the world. *American Entomologist* 39:151–161.
Rothschild, M. 1990. Gardening with butterflies. In *Butterfly Gardening*, ed. Xerces Society and Smithsonian Institution, pp. 7–15. San Francisco: Sierra Club Books.
Russell, S. A. 2003. *An Obsession with Butterflies*. New York: Basic Books.
Simon, H. 1971. *The Splendor of Iridescence*. New York: Dodd, Mead & Company.
Turpin, F. T. 2000. *Insect Appreciation*, 2nd edition. Dubuque, IA: Kendall/Hunt Publishing Company.
Waterman, C. F. 1981. *A History of Angling*. Tulsa, OK: Winchester Press.

第2章　蚕と絹の世界

Borg, F., and L. Pigorini. 1938. *Die Seidenspinner, ihre Zoologie, Biologie und Sucht.* [*The Silkworms, Their Zoology, Biology, and Rearing.*] Berlin: Verlag von Julius Springer.
Butenandt, A., R. Beckmann, and E. Hecker. 1959. Über den Sexual-Lockstoff des Seidenspinners *Bombyx mori:* Reindarstellung und Konstitution. [On the sexual attractant of the silkworm *Bombyx mori:* Purification and structure.] *Zeitschrift für Naturforschung* 14:283–284.
Dubos, R. J. 1950. *Louis Pasteur, Free Lance of Science.* Boston: Little, Brown and Company.
Emerson, A. I., and C. M. Weed. 1936. *Our Trees: How to Know Them.* Philadelphia: J. B. Lippincott.
Evans, R. 2005. Trump and circumstance. *Weddings in Style,* Spring, 262–269.
Fabre, J.-H. 1874. *The Great Peacock Moth.* Reprinted in *The Insect World of J. Henri Fabre,* ed. E. W. Teale, pp. 83–98. New York: Fawcett Publications, 1956.

参考文献

プロローグ

Cowan, F. 1865. *Curious Facts in the History of Insects.* Philadelphia: J. B. Lippincott.

Lutz, F. E. 1918. *Field Book of Insects.* New York: G. P. Putnam's Sons. (Reprinted 1935.)

第1章　人に好かれる昆虫たち

Boettner, G. H., J. S. Elkinton, and C. J. Boettner. 2000. Effects of a biological control introduction on three nontarget native species of saturniid moths. *Conservation Biology* 14:1798–1806.

Booth, M., and M. M. Allen. 1990. Butterfly garden design. In *Butterfly Gardening,* ed. Xerces Society and Smithsonian Institution, pp. 63–93. San Francisco: Sierra Club Books.

Buck, J. B. 1938. Synchronous rhythmic flashing of fireflies. *Quarterly Review of Biology* 13:301–314.

Campbell, A., and D. S. Noble, eds. 1993. *Japan: An Illustrated Encyclopedia,* vol. 1. Tokyo: Kodansha.

Cherry, R. H. 1993. Insects in the mythology of Native Americans. *American Entomologist* 39:16–21.

Comstock, J. H. 1950. *An Introduction to Entomology,* 9th edition, revised. Ithaca, NY: Comstock Publishing Company.

Dinesen, I. 1937. *Out of Africa.* New York: Modern Library.

Dunkle, S. 2000. *Dragonflies through Binoculars.* Oxford: Oxford University Press.

【さ】

【た】

さくいん

訳者あとがき

数年前から愛用しているリップクリームには、蜜蝋が入っている。日に何度となく、ミツバチがせっせと生産してくれた蝋で唇を潤していることになる。我が家で使うフローリング用のワックスも蜜蝋だ。

蚕が吐き出す絹を身につけるチャンスは残念ながら（個人的には）めったにないものの、気づいてみればわたしたちの身の回りに昆虫由来の製品は少なくない。

この地上に数十万種いるともいわれる昆虫を、人の暮らしとの関わりから、博物誌、産業史的な観点も交え、幅広く、時にはユーモラスに語り伝えてくれているのが本書『Fireflies, Honey and Silk』だ。

著者のギルバート・ワルドバウアーは、一九二八年コネティカット州ブリッジポート生まれの昆虫学者で、昆虫に関する著書は数多いが、日本に紹介されるのは『虫食う鳥、鳥食う虫』『新・昆虫記』に続いて本書が三作目である。

ワルドバウアーがさまざまな昆虫を見る目は温かい。それが食用になる昆虫であれ、「害虫」と呼ばれ一般には厭われるような昆虫であれ。訳者は決して虫を見たら悲鳴を上げて飛び退るほどの虫嫌いではないつもりだが、進んで口に入れたいとは思わないし、体を這わせたいとも思わない。それでも著者の語り口に誘われて、この本を訳す前と後とでは、虫を見る目がやや変わったような気がする。虫に対して寛容になったとまではいえないが、少しだけ立ち止まってまじまじと観察してみたりするようになった。

　本書の中に、冬の厳しさを知らせる虫として、「ウーリーベア」なる黒い毛虫が登場する。訳者がよく週末を過ごす北海道羊蹄山麓でも、初夏、黒い毛虫が道路を横切る姿をしばしば見かける。むくむくした体をよじらせて進む姿がいかにも一生懸命で愛嬌があり、それが果たして著者のいうウーリーベアと同じ毛虫なのかどうかはわからないが、まさしく毛むくじゃら《ウーリー》の熊《ベア》だ。そんな愛らしい名前がついているかと思うと、ついつい、車に轢かれずに無事横断しろよ、と応援したくなる。この毛虫の毛の色と羊蹄の冬の気候の因果関係を調べてみたことはまだないが——


　同じように見える虫でも、地域によってさまざまな呼び方がある。昆虫は細かく適応進化しているために、アメリカではありふれているけれども、日本には生息しないものも少なくない。動植物名はできうる限り和名を記したが、昆虫名の同定には、生物的防除や多様性管理にお詳しい、昆虫学者の桐谷圭治さんにお力添えをいただいた。昆虫の生態に関する記述や種名の混乱を整理し、訳稿よりもはるかに読みやすくしてくださったのは、校正の村脇恵子さんである。おふたりにはこの場を借りてあらためてお礼を申し上げたい。

　また、友人の會川夫妻には、水生昆虫の資料を貸していただき大いに参考にさせていただいた。

　動植物の種名は原則としてカタカナ表記にしているが、カタカナだらけの本にはしたくなかったので、蛍、蜂、蟻、など上位のカテゴリーには漢字という便利な表語文字を用いた。また、読者の便宜を図るため、登場するすべての昆虫は同定できるよう学名を入れるべきではあるが、右の理由でそれは諦め、巻末のさくいんで追っていただけるようにしてある。全体に魅力的な小見出しを入れ、さくいんを作成する労をとってくださった築地書館編集部の宮田可南子さんにも、怠惰な訳者の遅々として進まない作業にやきもきさせたお詫びと、感謝の意を記すことをお許し願いたい。

この本を手にとられる方の多くはどちらかといえば「虫好き」だろうけれども、人の暮らしと虫との関係にきっと新たな発見が得られることと思う。虫が大好きな人にも、それほどでもない人にも、この本が虫との関係に新たな角度を加える助けになれば幸いだ。

二〇一二年　盛夏　屋代通子

【著者紹介】

ギルバート・ワルドバウアー（Gilbert Waldbauer）

1928年、アメリカ、コネティカット州生まれ。昆虫学者。

1953年、マサチューセッツ大学を卒業。

1995年まで、イリノイ大学にて昆虫学教授を務める。

主な著書に『虫食う鳥、鳥食う虫――生存の自然誌』（青土社）、『新・昆虫記――群れる虫たちの世界』（大月書店）などがある。

【訳者紹介】

屋代 通子（やしろ・みちこ）

1962年、兵庫県西宮市生まれ、横浜育ち。

大学で国語学を学んだ後、出版社で翻訳校正業務に携わり、翻訳の道に入る。現在は札幌市在住。

主な訳書に『シャーマンの弟子になった民族植物学者の話』上・下、『オックスフォード・サイエンス・ガイド』（以上、築地書館）、『子ども保護のためのワーキング・トゥギャザー』（共訳、医学書院）、『マリア・シビラ・メーリアン』『ピダハン』（以上、みすず書房）などがある。

虫と文明　**螢のドレス・王様のハチミツ酒・カイガラムシのレコード**

2012年9月5日　初版発行

著者　　　ギルバート・ワルドバウアー
訳者　　　屋代通子
発行者　　土井二郎
発行所　　築地書館株式会社
　　　　　東京都中央区築地7-4-4-201　〒104-0045
　　　　　TEL 03-3542-3731　FAX 03-3541-5799
　　　　　http://www.tsukiji-shokan.co.jp/
　　　　　振替 00110-5-19057
印刷・製本　シナノ印刷株式会社
装丁　　　今東敦雄（maro design）

ISBN 978-4-8067-1446-0　C0045

● 築地書館の本 ●

先生、モモンガの風呂に入ってください！

［鳥取環境大学］の森の人間動物行動学

小林朋道【著】
1,600 円＋税　◉２刷

モモンガの森のために奮闘するコバヤシ教授。
自然豊かな小さな大学を舞台に起こる
動物と人間をめぐる事件を
人間動物行動学の視点で描く。
地元の人びとや学生さんとともに取り組み
はじめた芦津モモンガプロジェクトの
成り行きは………？

田んぼで出会う花・虫・鳥

農のある風景と生き物たちのフォトミュージアム

久野公啓【著】
2,400 円＋税

百姓仕事が育んできた
生きものたちの豊かな表情を、
美しい田園風景とともに
オールカラーで紹介。
ありのままの自然、生きもの、
人間の営みが見えてくる、素敵な１冊。

HONEY